Elly Bacòpulos Mejìa
Adalberto Benavides M.
Rahim Foroghbakhch

Efecto Inductor de la Tolerancia en Plantas por Radiacion UV

Elly Bacòpulos Mejìa
Adalberto Benavides M.
Rahim Foroghbakhch

Efecto Inductor de la Tolerancia en Plantas por Radiacion UV

Induccion de Tolerancia a Estrés Salino con Radiaciones UV-B y UV-C en Semilla de Soya/Girasol/Trigo/Pino

PUBLICIA

Impressum / Aviso legal
Bibliografische Information der Deutschen Nationalbibliothek: Die Deutsche Nationalbibliothek verzeichnet diese Publikation in der Deutschen Nationalbibliografie; detaillierte bibliografische Daten sind im Internet über http://dnb.d-nb.de abrufbar.

Información bibliográfica de la Deutsche Nationalbibliothek: La Deutsche Nationalbibliothek clasifica esta publicación en la Deutsche Nationalbibliografie; los datos bibliográficos detallados están disponibles en internet en http://dnb.d-nb.de.

Coverbild / Imagen de portada: www.ingimage.com

Verlag / Editorial:
PUBLICIA
ist ein Imprint der / es una marca de
OmniScriptum GmbH & Co. KG
Bahnhofstraße 28, 66111 Saarbrücken, Deutschland / Alemania
Email / Correo Electrónico: info@omniscriptum.com

Herstellung: siehe letzte Seite /
Publicado en: consulte la última página
ISBN: 978-3-8416-8238-3

Zugl. / Aprobado por: Mmonterrey , Nuevo leon.Facultad de Biología. UANL. Tesis Doctoral 2014

Efecto Inductor de la Tolerancia a Estrés Salino Mediante la Aplicación de Radiaciones UV-B y UV-C en Semillas de Soya (*Glycine max* L.), Trigo (*Triticum aestivum* L.), Girasol (*Helianthus annuus* L.) y Pino Piñonero (*Pinus maximartinezii* R.)

Efecto Inductor de la Tolerancia a Estrés Salino Mediante la Aplicación de Radiaciones UV-B y UV-C en Semillas de Soya (*Glycine max* L.), Trigo (*Triticum aestivum* L.), Girasol (*Helianthus annuus* L.) y Pino Piñonero (*Pinus maximartinezii* R.)

Autor

ELLY BACÓPULOS MEJÍA

Coautores

Dr. Adalberto Benavides Mendoza

Dr. Rahim Foroghbakhch Pournavab

AGRADECIMIENTOS

Agradezco a Dios por permitirme concluir los estudios del doctorado.

A la Universidad Autónoma Agraria Antonio Narro UAAAN por el apoyo brindado. Gracias a la Universidad Autónoma de Nuevo León UANL por permitirme ser parte de ella y al Consejo Nacional de Ciencias y Tecnología CONACYT por su apoyo.

Al Dr. Adalberto Benavides Mendoza por alentarme y apoyare a iniciar el doctorado y al Dr. Rahim Foroghbakhch Pournavab por apoyo y orientación, además de su gran paciencia y valiosas aportaciones como directores de tesis.

Al Dr. Humberto González Rodríguez. Por ser parte del comité de asesores, por sus valiosas aportaciones en la realización de este trabajo.

A mis tutores Dr. Marco Antonio Alvarado Vázquez. y el Dr. Artemio Carrillo Parra por sus sugerencias, consejos y aportaciones durante el desarrollo del doctorado además de formar parte del comité de asesores.

A mi esposo Francisco Ávila Rebollar por todo el apoyo que me has brindado, por tus consejos, aportaciones, paciencia y por alentarme a seguir adelanta

A mis amigas y compañeras por su gran apoyo y guía en esta etapa de mi vida: Dr. Hermila Osuna G. y Dra. Francisca Ramírez Godina.

DEDICATORIA

Dedico este trabajo a mi esposo Francisco y mis hijas Elly, Temy y Athenas, quienes son mi motivación para seguir superándome, gracias por su amor, paciencia y apoyo que siempre me han brindado.

A mis padres y hermanos por su apoyo, por alentarme a seguir delante. Gracias por su paciencia y muestras de cariño

ÍNDICE

Sección Página

LISTA DE TABLAS

LISTA DE FIGURAS

ABREVIATURAS UTILIZADAS

nm	Nanómetro
KJ/m^2	Kilo Joule/ metro cuadrado
J/m^2	Joule / metro cuadrado
W/m^2	Watts /metro cuadrado
mW/cm	Mili Watts/ centímetro
kcal	Kilocaloría
g	Gramo
mg	Miligramo
ml	Mililitro
ppm	Partes por millón
mV	Mili voltio
mm	Milímetros
μm^2	Micrómetro cuadrado
%	Porciento
h	Hora
m	minuto

RESUMEN

Las radiaciones UV producen efectos en el crecimiento de las plantas, lo que conlleva la disminución en la superficie foliar y la disminución en la capacidad para utilizar la radiación solar en la fotosíntesis. Las plantas son vulnerables a un aumento de radiación UV, puesto que muchos componentes celulares tales como ácidos nucleicos, proteínas, lípidos y quinonas pueden absorber la radiación UV-B directamente. Asimismo la radiación UV-C interactúa con los tejidos vegetales origina daños por ionización y dimerización de pirimidinas en las moléculas de ADN así como disminución de la síntesis de proteínas y la alteración de sus estructuras. Con el propósito de estudiar las respuestas de cuatro especies vegetales *Glycine max* L., *Triticum aestivum* L., *Helianthus annuus* L. y *Pinus maximartinezii* R., expuestas a diferentes dosis de radiación UV-C y UV-B aplicada en la semilla se realizó el presente estudio, esto con la finalidad de obtener la dosis óptima de tolerancia la radiación para cada especie y evaluar el efecto de tolerancia a salinidad en plantas de semilla irradiada.

El trabajo se efectuó en tres etapas. En la primera etapa al material biológico se le realizó la caracterización morfométrica homogenizando el lote de semilla, pruebas pre-germinativo y se determinó el potencial germinativo de cada lote de semilla para iniciar los tratamientos de irradiación para la obtención de las tres dosis de radiación UV-C y UV-B. En la segunda etapa se aplicaron las dosis mínima, máxima y letal 50 (DL50) a las semillas para ser evaluadas mediante la prueba de germinación estándar (PGE) y envejecimiento acelerado (PEA) registrándose el porciento de vigor y germinación, el número de plántulas normales, longitudes medias de radícula y plúmula además del peso seco; siguiendo la metodología de Moreno (1996) y Huron (2009). En la tercera etapa se efectuó la siembra en invernadero evaluándose la biomasa total, potencial redox, contenido de minerales y el tamaño de haz vascular y vasos en tallo.

Los resultados obtenidos en las pruebas de germinación estándar (PGE) en semilla tratada con radiación UV-C mostraron diferencia significativa ($p<0.05$) entre los tratamientos (dosis) y especies en la prueba de envejecimiento acelerado (PEA) las variables evaluadas mostraron diferencia significativa ($p<0.01$) tanto entre los tratamientos como entre especies casi entre todas las variables cuantificadas excepto en plantas normales (PN) y para las variables de Vigor, Germinación y peso seco (PS); indicaron que la semilla de G. *max* manifestó baja sensibilidad en ambas pruebas, siendo la dosis óptima de 43.20 kJ/m^2 para esta; para la semilla de *H. annuus* y *P. maximartinezii* mostraron alta sensibilidad en ambas pruebas tanto a la radiación UV-C siendo las dosis óptimas de 8.64 kJ/m^2 y 0.864 kJ/m^2 respectivamente. En la semilla de *T. aestivum* irradiada con UV-C se presentó como una especie tolerante siendo la dosis óptima de 17.28 kJ/m^2.

Los resultados obtenidos en las pruebas de PGE y en la PEA en semilla tratada con radiación UV-B mostraron diferencia significativa ($p< 0.01$) entre especies a y entre tratamientos en las variables de PN, longitud media de radícula (LMP) y PS. Tomándose como dosis óptimas los tratamientos T2 correspondiente a la dosis mínima para cada especie mostrando el mismo comportamiento que con la aplicación de UV-C.

Los análisis de las pruebas en invernadero en plantas de soya, presentaron diferencias altamente significativas ($p<0.01$) entre tratamientos para las variables: biomasa total, potencial redox, contenido de minerales al igual que para el área total del haz vascular y tamaño vasos de xilema; en el trigo y girasol presentan la misma tendencia.

ABSTRACT

The UV radiation produces effects on plant growth which leads to the decrease in leaf area and decreased ability to use sunlight in photosynthesis. The plants are susceptible to increased UV radiation, since many cellular components such as nucleic acids, proteins, lipids and quinones can absorb UV-B radiation directly. Moreover the UV-C radiation interacts with plant tissue and causes ionization damage pyrimidines dimerization DNA molecules and decreased synthesis of proteins and altering their structures. With the purpose of studying the responses of four plant species *Glycine max* L., *Triticum aestivum* L., *Helianthus annuus* L., *Pinus maximartinezii* R., exposed to different doses of UV-C and UV-B radiation applied in this study was conducted, this in order to get the optimal dose of radiation tolerance for each species and evaluate the effect of salinity tolerance in seedlings irradiated.

The work was conducted in three stages. In the first stage the biological material was performed morphometric characterization homogenizing the seed lot, pre-germination tests and the percentage of germination of each seed lot was determined to start irradiation treatments for obtaining the three -dose radiation UV-C and UV-B. In the second stage; we applied to the minimum, maximum and lethal 50 dose (LD50) for seeds to be evaluated by standard germination test (PGE) and accelerated aging (PEA) recorded the percent of vigor and germination, the number of normal seedlings, lengths average radicle and plumule dry weight plus; following the methodology of Moreno (1996) and Huron (2009). Planting was carried out in a greenhouse in the third step assessed the total biomass, redox potential, mineral content and the size of vessels and vascular bundle in stem.

The results obtained in testing standard germination (PGE) in seed treated with UV-C showed no significant difference ($p<0.01$) between treatments and species in the accelerated aging test (PEA) evaluated variables showed differences both between treatments and between species in almost all variables except for the variables PN and Vigor, Germination and PS; indicated that the seeds of G. max they said low sensitivity in both tests, with the optimal dose of 43.20 kJ/m^2 for this; for H. annuus seed and P. maximartinezii showed high sensitivity in both tests both UV-C will be the optimal dose 8.64kJ/m^2 and 0.864 kJ/m^2 respectively. In T. aestivum seed irradiated with UV-C was presented as a tolerant species being the optimal dose of 17.28 kJ/m^2.

The results obtained in tests of PGE and the PEA in seed treated with UV- B showed significant difference ($p<0.01$) between species and treatments. Taking as the optimal doses corresponding to the minimum dose for each species treatments T2 showing the same behavior that the application of UV-C.

The analysis of the greenhouse test in soybean plants, showed highly significant difference ($p<0.01$) between treatments for variables: total biomass, redox potential, mineral content as well as for the total area of vascular bundle and size xylem vessels; in wheat and sunflower have the same trend.

1. INTRODUCCIÓN

La radiación solar ultravioleta ha recibido mayor atención durante los últimos años. Esto se debe principalmente a la preocupación por el agotamiento del ozono estratosférico **(Kerr y Mcelroy, 1993; BBC mundo 2011)** y el aumento de la radiación UV-B, pero también porque se ha reconocido que la radiación UV es un factor ambiental que puede variar por muchas otras razones y por lo tanto puede influir en interacciones ecológicas **(Thorsten y Rosta´s 2008).** Las plantas son organismos fotosintéticos que dependen de la luz solar para como fuente de energía. Las plantas responden a la luz a través de diferentes fotorreceptores. **(Frohnmeyer y Staiger 2003; Pombo, 2009 y Nawkar *et al.*, (2013).** Aparte de radiación fotosintéticamente activa (PAR; 400-700 nm), las plantas están expuestas a la luz UV, que se compone de la radiación UV-C (por debajo de 280 nm), UV-B (280-320 nm) y UV-A (320 - 390 nm).

La radiación UV-B a pesar de presentarse en una proporción pequeña es de gran importancia por los efectos negativos que ocasionan en el crecimiento y desarrollo de las plantas . Radiación UV-A, representa una mayor porción de la radiación total. La radiación UV-C es la porción más energética del espectro, no se encuentra de manera natural en la biosfera, sin embargo, se utiliza de forma artificial por su importante acción bactericida y germicida (**Ruiz *et al.*, 2010**). Además, la influencia de la radiación UV (UV-C 17.2 kJ m-2 d-1, y UV-A 18.9 kJ m-2 d-1) sobre crecimiento está regulada por fitohormonas ya sea a través de la fotodestrucción o reacciones enzimáticas (**Sarghein *et al.*, 2011).** Estos efectos son acentuados por otros tipos de estrés bióticos y abióticos como el estrés salino, ya sea en suelo o en agua de riego donde su impacto dependerá del estado de desarrollo en que se encuentre el cultivo, siendo las etapas juveniles más sensibles y desencadenan desequilibrios iónicos en las plantas por la excesiva absorción de sodio y cloruros, los que generan toxicidad y problemas nutricionales (**Goykovic *et al.*, 2007).**

La inducción de daño en el ADN por la radiación UV solar es un acontecimiento clave que influye drásticamente en los procesos normales de la vida de todos los organismos. Varios estudios han mostrado respuestas negativas en los procesos celulares, el metabolismo y crecimiento debido a la radiación UV-C **(Rastogi *et al.*, 2010)**. Sin embargo, se sabe que es posible obtener un efecto benéfico de la aplicación subletal de un agente que induce estrés físico o químico (**Luckey, 1980**) y a la vez induce la acumulación de compuestos asociados al estrés como los flavonoides y fenólicos. También se ha observado la acumulación de una serie de fitoalexinas así como las adaptaciones típicas de la inducción de resistencia como la modificación de paredes celulares e incluso la muerte celular **(Rivera *et al.*, 2007).** Dosis más altas de radiación UV-B o UV-C, resultan en daño celular, una fuerte irradiación con UV-C ejerce una serie de efectos negativos.

La información arriba citada se refiere en su mayoría a tejidos fotosintéticos de plántulas y plantas o bien a frutos y hortalizas en poscosecha. En cambio, información referente Al efecto de la irradiación en semillas con UV-C y UV-B es muy escasa y la existencia se refiere en particular a la inducción de tolerancia a patógenos **(Brown *et al.*, 2001**). Por lo tanto, esta investigación pretende determinar el impacto de la radiación UV-C y UV-B en diferentes dosis sobre la germinación y vigor de semillas de girasol (*Helianthus annuus* L), trigo *(Triticum aestivum* L.), pino piñonero (*Pinus maximartinezii* R.) y soya *(Glycine max* L.*)*. En forma adicional se determinará, la dosis de radiaciones para cada especie que favorezca la tolerancia de las plantas al estrés salino en condiciones de invernadero.

2. HIPÓTESIS

Es posible obtener plántulas de Soya (*Glycine max* L.), Trigo (*Triticum aestivum* L.), Girasol (*Helianthus annuus* L.) y Pino Piñonero (*Pinus maximartinezii* R.) tolerantes a la salinidad bajo condiciones de invernadero aplicando radiaciones UV-C y UV-B a la semilla.

3. OBJETIVOS

3.1. Objetivo general

Evaluar el efecto inductor de tolerancia al estrés salino en plantas de las especies vegetales mediante radiaciones UV-C y UV-B en semilla de soya *(Glycine max* L.*),* trigo *(Triticum aestivum* L.), girasol (*Helianthus annuus* L), y pino piñonero (*Pinus maximartinezii* R.)

3.2.Objetivos particulares

1) Determinar tiempos de aplicación, dosis mínima, máxima y letal de irradiaciones UV-B y UV-C en la semilla de soya, trigo, girasol y pino.
2) Evaluar los efectos de la radiación UV-B y UV-C sobre la germinación y vigor de las semillas de cuatro especies vegetales.
3) Cuantificar el crecimiento y desarrollo de plantas en condiciones de invernadero, sometidas a estrés salino (NaCl) cuyas semillas fueron sometidas a radiaciones UV-B y UV-C.

4. ANTECEDENTES

4.1 Radiación

La radiación solar viaja a través de la atmósfera terrestre antes de llegar a la superficie, en este recorrido la UV-C y gran parte de la UV-B es absorbida por gases estratosféricos principalmente ozono y oxígeno. Como resultado la UV-A representa alrededor del 95% de la energía UV total que llega a la superficie terrestre, el restante 5% es UV-B (**Rastogi *et al*., 2010**). **Nawkar *et al*., (2013)** mencionan que la capa de ozono atmosférico protege a la tierra de la radiación UV-C y la proteína UVR8 presente en las plántulas mutantes de *Arabidopsis* actúa como un receptor de la radiación UV-B. Dosis a niveles bajos de exposición a UV-B inician la señalización a través de UVR8 e inducen genes de metabolitos secundarios que participan en la protección contra los rayos UV, mientras que las dosis a niveles altos son muy perjudiciales para las plantas.

Las altas dosis de radiación UV-B y UV-C afectan negativamente el crecimiento, el desarrollo, el proceso fotosintético entre otros procesos importantes de las plantas. Lo anterior conduce a la sobreproducción de especies de oxígeno reactivas (ROS) y el desarrollo del estrés oxidativo, actuando negativamente en macromoléculas, que pueden disminuir la viabilidad celular y causar la muerte de la planta (**Alexieva *et al.*, 2001; Jansen, 2002; Frohnmeyer y Staiger, 2003; Procházková y Wilhelmová, 2007; Takeuchi *et al.*, 2007; Toncheva *et al.*, 2010; Schreiner *et al.*, 2012**). Baja dosis de UV-B o UV-C pueden desencadenar respuestas de aclimatación de las plantas, incluyendo la activación enzimática y no enzimática de sistemas de defensa (**Katerova *et al.*, 2012**). De acuerdo con **Briseño *et al*., (2008); Silveira *et al.*, (2009); Yagura *et al.*, (2011)** cuando la radiación UV-C interactúa con los tejidos vegetales origina daños por ionización y dimerización de pirimidinas en las moléculas de ADN así como disminución de la síntesis de proteínas y la alteración de sus estructuras, (**Sharma y Demirci, 2003; Sgroppo y Sosa, 2009; Fonseca, 2009**).

Sobre lo anterior **Cisneros, (2003)** menciona: que el uso de la radiación UV-C para la conservación de alimentos vegetales frescos conlleva otros beneficios como la inducción de mecanismos de defensa relacionados con la resistencia a patógenos y reducción de desordenes fisiológicos durante el almacenamiento, aumenta los niveles de compuestos antioxidantes e inactiva las enzimas relacionadas con los procesos de maduración y senescencia **(González *et al.*, 2005a; Rivera *et al.*, 2007; Briseño *et al.*, 2008; Andrade *et al.*, 2010).**

Numerosas investigaciones han reportado efectos de la radiación UV-B sobre plantas, a nivel molecular, fotosíntesis, área foliar, producción y distribución de biomasa, así como una gran variedad de cambios en los parámetros fisiológicos y morfológicos; **Barkad *et al.*, (2006), González *et al.*, (2009)** y **Caldwell *et al.*, (2007)** mencionan que esto puede conducir con pequeñas reducciones en la producción de brotes y los cambios en el equilibrio de la competencia de las diferentes especies; **Ballare, (1996)**; **Tapia *et al.*, (2002)** y **Frohnmeyer y Staiger, (2003)** mencionan al trigo como una especie tolerante a la radiación UV-B en la banda de menor energía la cual está en el rango 290-320nm. **Jordan, (1996)** menciona que el efecto de la radiación de UV-B aumentó en el crecimiento y la fisiología de muchas plantas, bajo condiciones de invernadero y de campo.

Una posible explicación a lo anterior es que la radiación UV es un factor abiótico **(Ballare *et al.*, 2001).** El estudio de este efecto ha recibido mayor atención durante los últimos años debido principalmente a la preocupación por el agotamiento del ozono estratosférico y al aumento de la radiación UV-B, pero también porque se ha reconocido que la radiación UV es un factor ambiental que puede variar por muchas otras razones y por lo tanto puede influir en interacciones ecológica **(Thorsten *et al.*, 2008).**

El agotamiento de la capa de ozono produce efectos adversos sobre la agricultura y daña los bosques. La radiación ultravioleta produce cambios en la composición química de varias especies de plantas. Los experimentos en cultivos han mostrado que los más vulnerables a la radiación UV-B son los melones, la mostaza y el repollo. El aumento de la radiación UV-B también reduce la calidad de ciertos tipos de tomates, papas, remolachas dulces y soja. Las pruebas han mostrado que las semillas de las coníferas también se ven afectadas adversamente **(SISSAO, 2010).**

Los efectos de la radiación UV en las plantas implican vías y mecanismos de señalización comunes a otros tipos de estrés (salinidad), por lo que es probable que la aplicación de radiación UV a niveles no destructivos (Menor a 1 µmol/m^2/s) pueda inducir tolerancia a diversos factores, bióticos o abióticos **(Frohnmeyer y Staiger, 2003; Kachavara, 2009).** Uno de estos factores es la tolerancia a sales, las cuales afectan el crecimiento y la absorción de agua por las raíces, denominado componente osmótico, el cual desencadena desequilibrios iónicos en las plantas por la excesiva absorción de sodio y cloruros, los que generan efectos de toxicidad y nutricionales vinculados a la absorción de iones **(Goykovic *et al.*, 2007).**

Rastogi *et al.*, (2010) señalan que la radiación UV induce la activación de mecanismos de defensa con dos principales estrategias de protección; blindaje por los flavonoides y compuestos fenólicos. La acumulación de las fitoalexinas podría estar acompañada por la inducción de otros sistemas de defensa, tales como la modificación de las paredes celulares, síntesis de enzimas de defensa e incluso la muerte celular **(Rivera *et al.*, 2007),** tal como fue observado por (**Costa *et al.*, 2006)** quienes al irradiar con UV-C cotiledones de girasol causó la inducción del sistema antioxidante.

4.1.2. Efectos específicos de la UV-C (200-280 nm)

- Esterilización química en almacenamiento de frutos. Tiempo utilizado 1-10 min (**Briseño *et al.*, 2008).**
- Acción germicida inactivando hongos, virus y bacterias. Intensidad utilizada 9.08 y 22.7 KJ/^{m2} **(Fonseca 2009).**
- A bajas dosis genera efectos benéficos en frutos almacenados: resistencia a enfermedades y daño por baja temperatura, retrasa la maduración, senescencia y respiración. 0.2 – 20 J/m^2 **(Pombo. 2009)**
- induce una rápida disminución de la tasa de crecimiento de las plántulas en pepino **(Shinklea, 2008; Magerøy *et al.*, 2010)** irradiancia total y tasa de fluencia 600 mW m $^{-2}$ (1,3 mol^{-2} s^{-1}U).

4.1.3. Efectos específicos de la UV-B (280-315 nm)

- Ejerce control regulador positivo en parámetros vegetativos y negativos en los reproductivos. (**Deckmyn *et al.*, 1994; Rozema *et al.*, 1997; Singh *et al.*, 2008).**
- Afecta en forma negativa la asimilación de CO_2 y reduce la producción de biomasa en trigo. El tiempo de irradiación es de 4h/día (**Pinto *et al.*, 2000).**
- Disminuye la concentración de N y almidón en raíz en soya y trigo. Aumenta el tamaño de semillas y concentración de flavonoides en la F1 **(Tapia *et al.*, 2002; Chimphango *et al.*, 2007).**
- Aumenta la tolerancia a las heladas y la supervivencia en condiciones extremas de altas y bajas temperatura y en la sensibilidad a la radiación UV-B de las plantas directamente. Las plantas que sufren estrés por déficit de agua con eficacia también serán tolerantes con alto flujo de radiación UV-B (**Caldwell *et al.*, 2007)**
- Los efectos de UV-B se presentan en la primera y la segunda generación de plantas afectadas **(Selezneva *et al.*, 2008)**

4.2. Importancia y características generales de la semilla

La semilla es uno de los principales recursos para el manejo agrícola y silvícola de las poblaciones de plantas, para la reforestación, para la conservación del germoplasma vegetal y para la recuperación de especies valiosas. Estas pueden almacenarse viables por largos periodos de tiempo, asegurando así la preservación de especies y variedades de plantas valiosas. **(Moreno, 1996)** La condición sanitaria de un lote de semillas es el principal elemento de la calidad conjuntamente con la pureza y el poder germinativo.

Todas las semillas están rodeadas por una cubierta llamada testa, la cual puede tener muy distintas texturas y apariencias. Generalmente es dura y está formada por una capa interna y una externa de cutícula, una o más capas de tejido grueso que sirve de protección. Estas características le confieren a la testa cierto grado de impermeabilidad al agua y a los gases.

Ello le permite ejercer una influencia reguladora sobre el metabolismo y crecimiento de la semilla. Frecuentemente en la testa se puede observar el micrópilo. Algunas semillas simulan la carencia de micrópilo pero lo que en realidad sucede es que se está observando el pericarpio de un fruto y no la testa. Ejemplos de lo anterior son *Helianthus annuus* (el girasol, que pertenece a la familia de las compuestas) y de *Lactuca sativa* (la lechuga).

El endospermo tiene como función almacenar las reservas alimenticias de las semillas. Entre las semillas que tienen un endospermo desarrollado están las gramíneas como el trigo, el maíz, la cebada y algunas dicotiledóneas como *Ricinus communis*. El endospermo de las gramíneas se caracteriza por una capa externa o aleurona, paredes gruesas y en su interior se desarrollan los llamados granos de aleurona, a diferencia de las células del endospermo de otros cereales, las cuales se convierten en almidón y algo de proteínas **(Moreno, 1996).** Las reservas energéticas de la semilla son: grasas, carbohidratos y en ocasiones proteínas que alimentarán a la futura planta durante sus primeras etapas de vida. Estas reservas, como hemos dicho, pueden encontrarse en diferentes tejidos o en el embrión, las estructuras y reservas están relacionadas con la germinación y el desarrollo de un nuevo individuo. La diversidad de formas, tamaños, estructura anatómica e histológica y manifestaciones de los procesos fisiológicos son enormes, por lo que también lo es la variabilidad en la longevidad potencial y ecológica que estas características determinan para una semilla de calidad.

4.3. Calidad de la semilla

A fin de minimizar los ~~riesgos de~~ utilizar semillas con baja capacidad para producir cosechas adecuadas, es de fundamental realizar controles de calidad donde se involucren diferentes métodos para determinar las principales características de una semilla de alta calidad, es decir si el lote de semilla es de semilla pura, que % de germinación tiene, alto vigor, está libre de enfermedades y tiene buena confirmación.

El análisis de semilla brinda información y establece un estándar para determinar el nivel de calidad. Las características utilizadas para evaluar la calidad de las semillas en los laboratorios de germoplasma son las siguientes: Un lote de semilla esta en función de

1. Germinación; en este tipo de prueba las semillas se colocan en condiciones ideales de luz y temperatura para inducir la germinación. Las condiciones requeridas para cumplir los requisitos para ensayo de semillas, las cuales incluyen condiciones ambientales, material y duración de la prueba según la especie a evaluar **(Moreno, 1996; ISTA, 1999).**
2. Pureza física; determina el peso de la muestra, identifica y determina el peso de distintos contaminantes y partículas de materia inerte constituyentes en la muestra.
3. Vigor; la viabilidad de la semilla es uno de los principales atributos a considerarse en cualquier evaluación de calidad. Vigor se define como la "suma total de todos los atributos de la semilla que favorecen el establecimiento rápido y uniforme de plántulas en el campo". Clases de pruebas de vigor**: Pruebas Directas.** Se expone a las semillas, a condiciones controladas en el laboratorio y a los factores adversos que se espera reduzcan la emergencia en el campo. Un ejemplo es la prueba del frío (Cold Test). **Pruebas Indirectas.** En ellas se evalúa una determinada característica de la semilla y se correlaciona con su desempeño en campo. En la prueba de la conductividad eléctrica, se mide el contenido de electrolitos lixiviados en agua dionizada en la cual se han remojado las semillas por 24 horas a 20°C. Otra de las pruebas es la del envejecimiento acelerado, en la cual se somete a la semilla a condiciones de alta temperatura y a valores de humedad relativa alta, el tiempo se encuentra en función de la especie. Las condiciones inducen un aumento en el ritmo de deterioro fisiológico de la semilla y por lo general existe una buena correlación entre el porcentaje de semillas que sobreviven al tratamiento y el porcentaje de emergencia en el campo.
4. Sanidad. Concierne principalmente a la presencia o ausencia de organismos causantes de enfermedades, incluye además deficiencias nutricionales de las plantas y otras condiciones como senectud de las mismas.

4.4. Descripción de las especies vegetales a investigar.

4.4.1. Girasol (*Helianthus annuus*).

Es hierba robusta, anual, de más de 1m de alto, con flores en cabezuelas grandes; de color amarillo y café. Los frutos tienen la forma típica del girasol. Las hojas y el tallo ásperos al tacto. Frutos y semillas: son frutos secos obtenidos de la semilla (Aquenios) oblongo ovoides, algo comprimidos, 16 mm de largo, grisáceo, a menudo moteado; vilano de dos escamas lanceoladas (cubierta externa o pericarpio), caducas. La semilla de girasol es un fruto seco, uniseminado, con pericarpio (cáscara) separado de la verdadera semilla (pepita). El objetivo de producción en el cultivo, lograr los mejores rendimientos en grano y los mayores porcentajes de aceite, esta es una planta domesticada importante; originaria del norte de México y oeste de E.U.A. Su valor nutritivo en las pipas de girasol son un alimento hipergraso muy rico en minerales y algunas vitaminas. Presentan valores de 51.46 g de lípidos por cada 100g de producto. Contienen 20g de carbohidratos y 20.78g de proteínas, un porcentaje de materia seca de 92.53%, de extracto etéreo 32.65%, fibra cruda 26.61%, cenizas 3.72% y extracto libre de nitrógeno 16.08 %. Su valor energético por cada 100g es de 584 kcal. En cuanto a su composición en vitaminas y minerales (por cada 100g de producto), destacan por el alto contenido: en fósforo, con 660mg; magnesio, con 325mg; calcio con 78mg; potasio con 645mg; sodio con 9mg y vitamina E, con 35.17mg.
(www.diodora.com/documentos/nutricion_soja.htm Nov. 2013)

4.4.2. Trigo (*Triticum aestivum*).

Es una planta monocotiledónea perteneciente a la familia de las gramíneas. Los trigos duros o cristalinos se clasifican botánicamente como *Triticum turgidum*, subespecie durum, y los harineros como *Triticum aestivum*, subespecie vulgaris. El tallo, que es al principio macizo, se vuelve después hueco, salvo en los nudos donde permanece macizo. La flor da lugar a un fruto único, denominado grano, que lleva un embrión o germen junto a la sustancia de reserva.

Los granos son cariópsides de forma ovalada con sus extremos redondeados. El germen sobresale en uno de ellos y en el otro hay un mechón de pelos finos. El resto del grano, denominado endospermo, es un depósito de alimentos para el embrión. A lo largo de la cara ventral del grano hay una depresión (surco): una invaginación de la aleurona y todas las cubiertas. En el fondo del surco hay una zona vascular fuertemente pigmentada. El pericarpio y la testa, juntamente con la capa aleurona, conforman el salvado de trigo. El grano de trigo contiene una parte de la proteína que se llama gluten.

El valor nutritivo en trigo presenta valores de 2.0g de lípidos por cada 100g de producto. Contienen 70g de glúcidos y 11.1g de proteínas, su porcentaje energético por cada 100g es de 326 Kcal. En cuanto a su composición en vitaminas y minerales (por cada 100g de producto), destacan por el alto contenido: en calcio con 50.3mg; potasio con 578.3mg; magnesio, con 169mg; sodio 4.0mg y vitamina E, con 1.49mg. y un 10% de humedad. **(www.fao.org/quinoa-2013).**

4.4.3. Soja o soya (*Glycine max*).

Especie de la familia de las leguminosas (Fabaceae) cultivada por sus semillas de alto contenido en aceite y proteína. El grano de soja y sus subproductos (aceite y harina de soja, principalmente) se utilizan en la alimentación humana y del ganado. Las semillas (frijoles) presentan una forma ovalada y su color va desde el amarillo al negro, el grano de soya está recubierto por una cobertura llamada tegumento que es la protección ante los agentes externos del grano, este mismo tiene la particularidad de no estar muy adherido y se separa de forma sencilla **(Campomanes, 2008).** El embrión está compuesto por: épicotilo, hipocotílo, radícula que forman el eje embrionario y dos cotiledones. La soya contiene 38% de proteína, más que cualquier otro alimento de origen animal o vegetal no procesado, además de 30% de carbohidratos, 18% de aceite y 14% de humedad.

El valor nutritivo en soya presenta valores de 19.9g de lípidos por cada 100g de producto. Contienen 30.2g de glúcidos y 36.5g de proteínas, su porcentaje energético por cada 100g es de 446 kcal. En cuanto a su composición mineral (por cada 100g de producto), destacan por el alto contenido: en calcio con 277mg y sodio con 2mg. (www.diodora.com/documentos/nutricion_soja.htm).

4.4.4. Pino (*Pinus maximartinezii* R.).

La importancia de los bosques de coníferas en México es muy grande; el género *Pinus* constituye la mayor parte de la riqueza forestal por su amplio rango de distribución. El piñón azul o maxi **piñón**, ha sobrevivido a una restricción genética extrema ya que está confinado a una sola población de aproximadamente 2000 a 2500 árboles maduros en el sur del estado de Zacatecas, México y se encuentra en la lista de las especies en peligro de extinción, lo cual es motivo de preocupación de genetistas y ecologistas. Debido a un estrecho rango de distribución natural y artificial y a que el área que ocupa se encuentra sometida a cambios drásticos de uso de suelo, con seguridad se pueden considerar como especies en peligro de extinción, **(Arteaga, 1998).**

El *Pinus maximartinezii* es una especie rara, endémica *y* su categoría dentro del sistema nacional de áreas prioritarias no debe ser cambiado. El hábitat de distribución del pino azul se encuentra seriamente amenazado por la creciente erosión edáfica debido al pastoreo y a los incendios inducidos. Esta especie ofrece especial interés por el gran tamaño de la semilla que pesa de 3.5 a 4 veces más que las de *Pinus cembroides* (que tiene un peso de 0.370g/semilla). El género Pinus característico del hemisferio norte; se ubica en Europa Central, desde donde se difundió hacia América por el estrecho de Bering. México presenta la mayor concentración de especies piñoneras y con base en las características anatómicas y fisiológicas sugiere para ellos un origen subtropical. Esta especie es uno de los pinos más raros del mundo, y se encuentra únicamente en una pequeña zona al sur de Zacatecas, México. Sus grandes conos pueden llegar a pesar hasta 2k, tardan unos dos años en madurar y producen la semilla más grande de todos los pinos conocidos. La semilla de esta especie es una de las semillas de pino piñonero más grande del mundo (25mm de largo, 13mm de ancho y 10mm de grueso), solo comparable con aquellas de *Pinus pina* que se distribuye a todo lo largo de la región Europea del Mediterráneo **(López, 2001).**

Las semillas (piñones) son comestibles y se emplean en repostería. Las semillas de pino pueden conservarse por mucho tiempo sin que pierdan viabilidad en recipientes sellados y almacenados a temperaturas entre -15ºC y 0ºC. Semillas por gramo: 1, Porcentaje de germinación: 90-95%. Si se usan semillas que han sido almacenadas por cualquier lapso, se aconseja someterlas antes de su siembra a un periodo de estratificación fría, de 1 a 3 meses a temperatura de 0 a 4ºC. **López (2001)** analizó el contenido de proteína, aminoácidos y ácidos grasos de la semilla de pino azul y encontró 31% de proteína cruda, 66% de proteína desgrasada, 42% de grasa cruda, 2% de carbohidratos, 9% de fibra cruda, 4% de cenizas y 4% de humedad.

5. MATERIALES Y MÉTODOS

5.1. Material biológico

- **SOYA** (*Glycine max* L.), variedad Huasteca
  Localidad: INIFAP Tamaulipas 2010
- **TRIGO** (*Triticum aestivum* L.), variedad Gálvez,
  Localidad: Navidad 2009
- **GIRASOL** (*Helianthus annuus* L.), variedad comercial
  Fraterna Primavera. (2010)
- **PINO PIÑONERO** (*Pinus maximartinezii* Rzedowski.),
  (Pino Azul) localidad Cerro Piñones, Juchipila, Zacatecas (2009).

5.2. Pruebas de laboratorio

Las evaluaciones se realizaron en los laboratorios e invernaderos del Centro de Capacitación y Desarrollo de Tecnología en Semillas (CCDTS) y del Departamento de Horticultura de la Universidad Autónoma Agraria Antonio Narro ubicada a 7Km de la ciudad de Saltillo, Coahuila en las coordenadas 25°22´LN y 101°00´LO, con una altitud de 1742msnm.

5. 3. Primera Etapa

5.3.1. Caracterización de semilla y la obtención de lote homogéneo.

La caracterización física del material biológicoconsistió en determinar el tamaño, forma, color y peso, al mismo tiempo se realizaron pruebas pre-germinativas para determinar el porcentaje de germinación de las semillas de las diferentes especies e iniciar con los tratamientos de irradiación (Tabla I). Los lotes de semillas se limpiaron para obtener mayor homogeneidad, se determinó tamaño, forma, color, textura y el peso de mil semillas. El ancho, grosor y largo de cada semilla se midió con un vernier para obtener valores promedio, una vez caracterizado el lote de semillas se procedió a evaluar de la germinación.

Figura 1. Morfología de la semilla de *G. max* (a, f), *T .aestivum* (b, g), *H. annuus* (c, e) y *P. maximartinezii* (d, h).

5.3.2. Tratamiento, evaluación y obtención de las dosis de radiaciones UV-B y UV-C.

Los tratamientos se definieron como testigo (T1= semilla sin tratar), dosis mínima (T2 = el primer inicio de cambio ó modificación en las estructuras de las plántulas), dosis máxima (T3 = cuando los cambios en las estructuras de las plántulas fueron más visibles en el 80% de lotes de semillas y la dosis DL50 (T4 = cuando se presentó el 50% ó más de las semillas sin germinar. Ver tablas II y III para las radiaciones UV-C y UV-B.

Tabla I.

Dosis de radiación UV-C y tiempos de exposición para las semillas de las cuatro especies colocadas en una cámara con una irradiancia constante de 1.6W/m².

Especie	**Tratamiento**						
	Testigo (T1)	Dosis Mínima (T2)		Dosis Máxima (T3)		DL50 (T4)	
		KJ/m²	(s)	KJ/m²	(s)	KJ/m²	(s)
G. max	Sin radiación	1.44	900	43.2	27000	57.60	36000
T. aestivum	Sin radiación	2.88	1800	17.28	10800	43.2	27000
H. annuus	Sin radiación	2.88	1800	8.64	5400	43.2	27000
P. maximartinezii	Sin radiación	0.288	180	0.864	540	1.056	660

(s) tiempo en segundos

Tabla II.

Dosis de radiación UV-B y tiempos de exposición para las semillas de las cuatro especies colocadas en una cámara con una irradiancia constante de 1.5W/m².

Especie	**Tratamiento**						
	Testigo (T1)	Dosis Mínima (T2)		Dosis Máxima (T3)		DL50 (T4)	
		KJ/m²	(s)	KJ/m²	(s)	KJ/m²	(s)
G. max	Sin radiación	5.4	3600	43.2	28800	56.7	37800
T. aestivum	Sin radiación	1.35	900	8.1	5400	37.8	25200
H. annuus	Sin radiación	1.35	900	0.27	180	8.1	5400
P. maximartinezii	Sin radiación	0.63	420	0.99	660	1.17	780

(s) tiempo en segundos

Para la obtención de las dosis mínima, máxima y letal (DL50) de radiaciones UV-B y UV-C se colocaron 100 semillas por especie en una bandeja plástica de tal forma que la superficie con mayor cercanía al embrión quedara expuesta a la fuente de radiación, buscando así disminuir la posible interferencia por parte de los tejidos del endospermo. Se introdujeron las semillas en una cámara para irradiación la cual dispone de una lámpara emisora de radiación UV-C (modelo UVM-225D marca UVP) a una irradiancia constante de 0.16mW/cm^2 (equivalente a 1.6 W/m^2); realizando el mismo procedimiento pero con una lámpara de radiación UV-B (modelo 3UV-36 3UV Lamp) a una intensidad constante de 0.15mW/cm y a una distancia de la lámpara de 50cm.

La irradiación se llevó a cabo durante el tiempo necesario para conseguir las dosis óptimas, (ver las Tablas II y III). Para la obtención de las dosis se realizaron ensayos preliminares en donde las semillas de cada especie fueron irradiadas con UV-C durante diferentes tiempos que fueron: 0, 5, 10, 15, 30 ,60 y 90 minutos, hasta llegar a un límite de 29 horas de exposición siguiendo la misma metodología con la radiación UV-B. Todos los tratamientos preliminares fueron evaluados mediante la prueba de germinación estándar **(Moreno, 1996; ISTA, 1999).**

La intensidad de radiación se mantuvo constante en 1.6 W/m^2 para radiación UV-C y para UV-B con una intensidad de 1.5 W/m^2 las dosis aplicadas se obtuvieron variando el tiempo de exposición a la distancia fijada utilizando la expresión de **López *et al.*, (2007):**

$$D = \frac{I \times t}{1000}$$

Donde D = Dosis de radiación aplicada (kJ/m^2);

I = Flujo radiante (W/m^2);

t = tiempo de exposición (en segundos)

5.4. Segunda Etapa

5.4.1. Pruebas de Germinación y Vigor

5.4.1.1. Germinación estándar

Posterior a la irradiación de la semilla se llevó a cabo la evaluación por medio de la prueba de germinación estándar. Se colocaron 100 semillas (cuatro repeticiones de veinticinco semillas) en papel seedburo k-22 para germinación previamente humedecido con agua destilada; se cubrieron las semillas con otro papel para posteriormente enrollarlo y así formar los rollos de papel e introducirlos en la cámara de germinación a 25°C± 2°C de temperatura. Las evaluaciones se realizaron en un tiempo determinado según la especie **(Moreno, 1996; ISTA, 1999)**. La evaluación consistió en registrar el número de plántulas normales (PN) y anormales (PA) así como el número de semillas no germinadas de acuerdo a la metodología establecida por **Moreno (1996) y Huron (2009).** Las especificaciones establecidas por estos autores en esta prueba; indican que en el girasol y la soya se realizaron los conteos iníciales al quinto día, para el trigo al cuarto día y para el pino al séptimo día después de la siembra. El porcentaje de semillas germinadas en este primer conteo determina el vigor germinativo. El segundo conteo se realizo ocho días después en girasol, 10 días en la soya, siete días en el trigo y de 21-30 días en el pino, en forma adicional se determinaron la longitud media de plúmula, radícula y peso seco.

5.4.1.2. Vigor (prueba de envejecimiento acelerado).

Las semillas se expusieron a condiciones que aumentaron el ritmo de deterioro fisiológico de acuerdo con lo establecido por **Moreno (1996) ISTA (1999)** y **Huron (2009).** La cámara de envejecimiento artificial se ajustó a condiciones de 45 ± 2°C y un 100% de HR. Dentro de la cámara se colocó un vaso de precipitado de 600 ml conteniendo 250 ml de agua. Se colocaron encima del nivel del agua 200 semillas en una malla plástica, sostenidas por un soporte en el interior y tapada con una película plástica. Se trataron un total de 40 frascos, es decir, dos frascos por tratamiento. El tiempo de exposición fue de 64h para la soya, 48h para el trigo y el girasol y 72h para el pino **(Moreno. 1996)**. Al finalizar el periodo de exposición a las condiciones de alta temperatura y humedad las semillas se dejaron enfriar a temperatura ambiente y se efectuaron las pruebas de germinación estándar utilizando la metodología descrita por autores antes mencionados.

5.5. Tercera Etapa

5.5.1. Siembra en invernadero

La siembra en el invernadero se realizó con 12 macetas por tratamiento, se sembraron 25 semillas de trigo, 10 semillas de soya y 3 semillas de girasol por maceta aplicando el riego de forma manual (250ml) diariamente con solución nutritiva Steiner (anexo) más la sal (NaCl) a razón de 2.5g por litro de solución, teniendo cinco tratamientos de semilla irradiada con UV-C, UV-B, UV-C+NaCl, UV-B+NaCl y el testigo (Tabla III).

Tabla III.
Dosis de radiación UV-C y UV-B con y sin sal para las semillas de *G. max*, *T .aestivum* y *H. annuus.*

Especie	**Tratamiento**				
	(T1) Testigo	(T2) UV-C KJ/m^2	(T3) UV-C+NaCl	(T4) UV-B KJ/m^2	(T5) UV-B+NaCl
G. max	Sin radiación	43.2	43.2+200ppm	5.4	5.4+200ppm
T .aestivum	Sin radiación	17.28	17.28+200ppm	1.35	1.35+200ppm
H. annuus	Sin radiación	8.64	8.64+200ppm	1.35	1.35+200ppm

5.5.2. Evaluación del crecimiento de las plantas

El crecimiento de las plantas se determinó en el día 95 despues de la siembre mediante muestreos al azar (10 plantas por tratamiento para el trigo, una planta por tratamiento para el girasol y la soya). Las plantas fueron cortadas y pesadas en fresco en una balanza digital; se colocó la muestra en bolsas de papel estraza con su etiquetado correspondiente a la especie y tratamiento, después se introdujo en la estufa de secado a 60ºC de 3 a 5 días, al término del quinto día se sacó la muestra y se pesó nuevamente. La obtención de la biomasa total (será el contenido de humedad) es el resultado de la diferencia entre el peso fresco y el peso seco.

5.5.3. Estrés salino

La muestra (tallo/peciolo) para determinar el estrés salino, se tomó en el día 90 después de la siembra, se pesó en fresco, se maceró en un mortero de porcelana junto con un buffer frío de fosfato en proporción 1:2 el cual tiene un pH de 7; ya macerada la muestra se procedió inmediatamente a la medición del potencial redox con un potenciómetro de electrodo indicador de platino gell filled ORP (=2000 mV a 2000nv) y un peachimetro Mv (method 10228, ORP electrode) la lectura en mV fueron registrados al estabilizarse el lector lo cual toma de 1 a 3m.

5.5.4. Contenido de minerales

La determinación del contenido de minerales se determinó con un aparato de absorción atómica, Perkin-Elmer, modelo 306, tanque de acetileno, lámpara para cada elemento y soluciones estándar para absorción atómica (Harleco o Fisher Scientific).

Procedimiento: las muestras (planta) se secaron en una estufa de secado a 60°C por 3-5 días, se sacaron las muestras secas y se maceraron en un mortero de porcelana, para pesar un gramo de muestra para digerirla en un vaso de precipitado de 50ml con 40ml de una solución de acido cítrico y acido perclórico (3:1) colocándolo en la estufa dentro de la campana de extracción para su digestión. Una vez digerida y fría la muestra se filtró con un papel filtro No.40 en matraces de aforación de 100ml con agua desionizada, después se envasó en botes de plástico con tapa y su correspondiente identificación. Una vez teniendo todas las muestras listas se procedió a leer en el espectrofotómetro de absorción atómica, calibrado según el elemento a determinar. Los datos se reportan en porcentaje según las diluciones hechas a la muestra. (**Karl *et al.*, 1976**)

$$\frac{\text{Resultado x 100 x 100}}{10000} = \%$$

Dónde:

Resultado = dato obtenido de la lectura del aparato de absorción atómica.

100 = son 100 ml de agua desionozada.

Se multiplica por cada dilución realizada.

5.5.5. Histología en tallo de plantas adultas

Se utilizó la técnica histológica de la parafina como sigue:

5.5.5.1. Fijación y deshidratación

Para conservar los tejidos con un mínimo de alteraciones se colocaron pecíolos de hojas y tallos del mismo tiempo de desarrollo en un frasco con fijador formaldehido, ácido acético glacial FAA (5 ml de formaldehido, 5 ml de ácido acético glacial y 90 ml de alcohol etílico al 70%) en el que permanecieron como mínimo 24 h.

Después de la fijación se eliminó el agua de los tejidos; para esto se pasaron por diferentes agentes deshidratantes, soluciones de alcohol etílico al 50%, 60%, 70%, 85% y al 96% más colorante eosina para diferenciarlos; continuando con alcohol etílico absoluto I, alcohol etílico absoluto II, alcohol etílico absoluto más xilol en proporciones de 3:1, alcohol etílico absoluto mas xilol en proporciones de 1:1, alcohol etílico absoluto más xilol en proporciones de 1:3, xilol puro I y xilol puro II, en esta serie de soluciones permanecieron por intervalos de dos horas en cada una.

5.5.5.2. Inclusión en parafina

Después de la deshidratación los tejidos quedaron en frascos con xilol, posteriormente se introducen en la estufa a una temperatura de 30 ºC agregando parafina y permaneciendo por un lapso de 24 horas, después se aumentó la temperatura a 45 ºC agregando parafina hasta saturar, en seguida se aumenta la temperatura a 55ºC y la mezcla xilol y parafina se decantó y al tejido se le agregó parafina pura derretida para ser vaciada en moldes de aluminio, en donde con una aguja de disección caliente se acomodaron los tejidos en forma transversal o longitudinal, posteriormente se dejaron solidificar para obtener las muestras de parafina con los tejidos para los cortes.

5.5.5.3. Cortes en microtomo y adehesión de tejidos a portaobjetos

Posteriormente se cortó un trozo de parafina con el tejido, se montó en la platina del micrótomo de mano, los cortes fueron trasversales y se realizaron de 15 a 20 micrómetros de grosor.

En portaobjetos limpios con adhesivo y una gota de formalina se colocaron de cuatro a seis cortes según el tamaño de la muestra, para que el tejido se extienda sobre el portaobjetos se le dio calor suavemente sobre una lámpara de alcohol, así las preparaciones se dejan una semana para su secado a temperatura ambiente.

5.5.5.4. Coloración

Se preparó una serie de reactivos, en frascos de Coplin con capacidad de ocho preparaciones. Con la ayuda de unas pinzas los portaobjetos con los tejidos se pasaron por los tres primeros frascos que contenían xilol I, xilol II y xilol III respectivamente por un tiempo de 10 minutos, luego se cambiaron a frascos con alcohol etílico a 96%, 85%, 70%, 60% y 50% por tiempo de 3-5 minutos cada uno, el siguiente paso fue enjuagar las preparaciones en agua destilada para pasarlas por safranina (solución acuosa al 0.1%) durante 30 minutos, una vez cumplido este procedimiento, las preparaciones se pasaron por alcohol etílico al 70%, 85% y 96%, respectivamente, dejándolas en cada frasco sólo unos segundos lo suficiente para enjuagarse; esto con el fin de volver a hidratar las preparaciones. Posteriormente las preparaciones se pasaron al colorante verde rápido (solución al 0.5% en etanol de 95%) por espacio de 5 segundos, se enjuagaron en alcohol etílico absoluto I y alcohol etílico absoluto II; también pasaron por una solución de carbol-xilol saturado por unos 5 segundos; por último se sometieron a xilol I, xilol II, y xilol III, durante 5 minutos en cada uno de los frascos. Se sacaron del último xilol y se sellaron con una gota de bálsamo de Canadá y un cubreobjetos. Las preparaciones se dejaron secar en estufa a 30 o 40ºC por espacio de una semana.

5.5.5.5. Análisis en el microscopio y observaciones.

Se tomaron 5 fotografías de peciolos y tallos en un microscopio compuesto Carl Zeiss con el objetivo 4X, 10X y 40X con cámara digital Pixera, para las mediciones de las estructuras se utilizó un software de medición Axion Vision Rel. 4.5 marca Carl Zeiss.

Se midió el área total del haz vascular y la circunferencia de vasos de xilema (en tres tamaños). (**Johson *et al.*, 1979; Curtis, 1981; Hernández, 1984; Sutter, 1985; Kozai *et al.*, 1992 y García, 1993).**

5.6. Diseño experimental y análisis estadístico

Las variables correspondientes a la primera y segunda etapa de esta investigación se evaluaron bajo un diseño completamente al azar con arreglo factorial con los siguientes factores: cuatro especies vegetales y cuatro dosis de radiación (4X4) con un total de 16 tratamientos con ocho repeticiones tanto para la radiación UV-C y UV-B. Se compararon los resultados obtenidos para cada variable usando la comparación de medias de Tukey.

Para la tercera etapa de esta investigación se utilizó de igual forma un diseño completamente al azar con arreglo factorial con tres factores: tres especies de semillas vegetales, radiaciones óptimas de UV-B y UV-C condiciones óptimas y de estrés; (3X2X2), con un total de 12 tratamientos bajo un diseño completamente al azar.

Las variables de las pruebas de germinación estándar y envejecimiento acelerado: vigor, germinación, longitud media de plúmula y radícula y peso seco y en las pruebas de invernadero: biomasa, potencial redox, contenido de minerales, área total de haz vascular y tamaños de vasos de xilema fueron analizadas mediante el paquete estadístico SAS versión 9 bajo un diseño completamente al azar con arreglo factorial. La comparación de medias se realizó mediante la prueba de Tukey con un nivel de significancia de ($p \leq 0.05$) (**SAS, 2002**).

6. RESULTADOS

Tabla IV.

Caracterización morfológica de semilla de *G. max*, *T. aestivum*, *H. annuus* y *P. maximartinezii*.

Especie vegetal	Peso de mil Semillas ± D.E. (g)	Largo ± D.E. (mm)	Ancho ± D.E. (mm)	Espesor ± D.E. (mm)
G. max	1600±11.547	7180±59.5911	6310±24.2444	5080±37.3571
T. aestivum	400±8.1649	6600±35.2766	3160±16.4654	2560±17.7638
H. annuus	642±2.7808	11420±78.993	5890±64.7130	3920±58.4617
P. maximartinezii	1673.1±9.832	23770±77.895	11300±35.5902	9360±28.3627

	Forma	Color	Textura
G. max	Globosa	Crema/opaco	Lisa
T. aestivum	Botuliforme	Crema/claro	Lisa
H. annuus	Fusiforme	Gris con líneas crema	Corrugada
P. maximartinezii	Ovalada	Café	Lisa

*Datos obtenidos del promedio de mil semillas. D.E= Desviación estándar

6.1. Germinación estándar y envejecimiento acelerado de semillas irradiadas con UV-C y UV-B

6.1.1. Efecto UV-C sobre la germinación estándar (GE)

El análisis de varianza efectuada sobre la prueba de G.E. (Tabla V) mostró diferencias altamente significativas ($P<0.01$) en lo referente al vigor de la planta entre las especies ($F=210.02$), presentando un promedio de 100, 98.6, 76 y 55% para la soya, el trigo, el girasol y el pino. En lo referente a las dosis también se encontraron diferencias significativas ($P<0.01$). Para la variable de germinación, el análisis no reveló diferencias significativa ($p>0.05$) entre las especies *Glycine max* y *Triticum aestivum* con valores promedios 99.6 y 98.2% respectivamente, formando así un segundo grupo estadístico las especies *Helianthus annuus* y *Pinus maximartinezii* (71 y 72%) que si mostraron diferencias significativas.

Los valores promedio para plántulas normales (PN) fueron mayores en *T. aestivum* (84%), seguido de *G. max* (76.5%) y finalmente por *H. annuus* y *P. maximartinezii* (36 y 25% respectivamente), al igual que las variables anteriores ésta presentó diferencias significativas entre las dosis ($F=13.55$, $P<0.01$), especies con ($F=304.4$, $P<0.01$) y en su interacción con ($F=2.76$, $P<0.01$).

En las variables de longitud media de plúmula (LMP) y longitud media de radícula (LMR) se presentaron diferencias significativas tanto entre las dosis como entre especies y en su interacción (ver Tabla V). Los valores promedios para la longitud de la plúmula y la radícula fueron: en *G. max* 13.5 y 19.2cm, en *T. aestivum* con 8.2 - 14.3cm, en *H. annuus* 6.2 - 13.2cm y para *P. maximartinezii* con 2.2cm LMP y 3cm LMR. Mientras el peso seco (PS) presenta promedios de 2.2g para soya, en trigo obtuvo 0.07g de promedio, en girasol 0g, mientras que el pino tuvo 1.5g de PS. Estas variables al igual que las anteriores mostraron diferencias significativas entre tratamientos con ($F=12.12$ y 13.3, $P<0.01$), entre especies ($F=449.8$ y 239.9, $P<0.01$) y su interacción con ($F=2.68$ y 6.98, $P<0.01$).

Tabla V.

Cuadrados medios (CM) y valores de F del análisis de varianza aplicado en la prueba de germinación estándar realizada en semillas de *G. max*, *T. aestivum*, *H. annuus* y *P. maximartinezii* irradiadas con UV-C.

FV	**GL**	**Vigor**		**GER**		**PN**	
		CM	**F_{cal}**	**CM**	**F_{cal}**	**CM**	**F_{cal}**
Dosis	3	27.653	6.36 **	25.8437	5.47**	75.5494	13.55**
Especie	3	913.466	210.02**	940.635	199.2**	1698.632	304.7**
D*E	9	37.653	8.66 **	39.1145	8.29 **	15.3967	2.76 **
Error		4.3493		4.7209		5.5747	
CV		10.1384		10.7713		17.1618	
FV	**GL**	**LMP**		**LMR**		**PS**	
		CM	**F_{cal}**	**CM**	**F_{cal}**	**CM**	**F_{cal}**
Dosis	3	22.7117	9.77 **	14.5313	2.78 **	1.8332	13.39**
Especie	3	729.991	313.9**	1473.0985	2818**	32.8486	239.9**
D*E	9	7.8569	3.38 **	14.0164	2.68 **	0.95477	6.98 **
Error		2.3252		5.2261		0.1368	
CV		20.2181		18.2674		31.4748	

Vigor%=Vigor germinativo (%); GER %=Capacidad de germinación (%), Plántulas Normales (PN) (%), Longitud Media de Plúmula, (LMP) (cm), Longitud Media de Radícula (LMR) (cm) y Peso Seco (PS) (g).**= Altamente significativo ($P<0.01$); **GL**=Grados de libertad; Error= cuadrado medio del error; **CV**= Coeficiente de variación

Al analizar los valores medios de las variables estudiadas se encontró que para la *G. max* en Vigor y capacidad de germinación se mantuvo constante con un valor de 100%, en tanto la variable de PN fue de 72 a 88%; siendo el T4 (DL50) el que mostró mayor efecto dañino. La variable LMR varió de 19.0 a 20.1cm la cual presentó diferencias no significativas ($p>0.05$) entre los tratamientos. En cuanto al PS el valor promedio fue de 2g (Tabla VI).

En el caso del *T. aestivum* el Vigor y la capacidad de germinación presentaron valores de 96 a 100% respectivamente, para PN este valor varió de 80 a 92%, en la variable de LMP con 7.8 a 9.0cm y en el PS con 0.032 a 0.038g.

En *H. annuus* la variable de Vigor varía de 72 a 80 %, en la capacidad de germinación va de 68 a 76%, en PN fue de 28 a 40 %. En la variable de LMR con 11 a 16cm, en PF con 5 a10g.

El *P. maximartinezii* presentó una variación de 52 A 72 % de Vigor, en capacidad de germinación fue de 72 %, PN varió de 12 a 36%. En tanto que LMP varió de 1 a 3cm y en PS varió de 1 a 2g. (Tabla VI).

En esta investigación se tomaron como dosis óptimas las correspondientes a los tratamientos T3 (dosis máxima) para las especies de soya, trigo y pino, para girasol fue el T2 (dosis mínima).

Tabla VI.

Valores promedio de las variables de la prueba de Germinación Estándar realizada en semillas de *G. max*, *T .aestivum*, *H. annuus* y *P. maximartinezii* irradiadas con UV-C.

Dosis	**Vigor** ± D.E.	**GER.** ± D.E	**PN** ± D.E	**LMP** ± D.E	**LMR** ± D.E	**PS** ± D.E
G. max						
T1- Testigo	100 ± 0 a	100 ± 0 a	88 ± 0.92 ab	16 ± 1.52 a	19 ± 1.31 a	2.7 ± 0.15 a
T2-D mínima	100 ± 0 a	100 ± 0 a	72 ± 2.357 b	14 ± 2.606 ab	19 ± 1.278 a	2 ± 0.241 a
T3-D máxima	100 ± 0 a	100 ± 0.463 a	76 ± 1.598 b	12 ± 1.0505 b	19 ± 0.755 a	2 ± 0.377 a
T4- DL50	100 ± 0 a	)8.5 ± 0.518 a	70 ± 3.207 b	12.2 ± 2.596 b	!0.1 ± 1.241 a	.1525 ± 0.411 a
T. aestivum						
T1- Test	96 ± 0.991 a	96 ± 0.926 a	92 ± 2.232 a	9 ± 0.973 c	14 ± 1.462 bc	0 ± 0.038 cd
T2-D mínima	)8.5 ± 0.744 a	97 ± 1.117 a	81 ± 1.165 ab	'.81 ± 0.5802 c	4.5 ± 0.898 bc	.283 ± 0.032 cd
T3-D máxima	100 ± 0.463 a	100 ± 0.518 a	84 ± 0.518 ab	8 ± 0.817 c	15 ± 0.977 bc	0 ± 0.035 cd
T4- DL50	00 ± 0.5175 a	100 ± 0.463 a	80 ± 1.762 ab	8 ± 1.348 c	14 ± 0.888 bc	0 ± 0.034 cd
H. annuus						
T1- Test	72 ± 1.389 b	68 ± 1.553 b	40 ± 2.435 c	7 ± 1.662 c	11 ± 1.881 c	0 ± 0.128 cd
T2-D mínima	76 ± 1.598 b	76 ± 1.581 b	40 ± 3.105 c	7 ± 2.148 c	14 ± 1.271 bc	0 ± 0.148 cd
T3-D máxima	76 ± 3.335 b	72 ± 3.523 b	36 ± 2.816 cd	6 ± 1.821 cd	16 ± 7.822 ab	0 ± 0.127 cd
T4- DL50	80 ± 1.195 b	68 ± 2.121 b	28 ± 2.449 cde	5 ± 1.546 de	12 ± 2.197 c	0 ±0.116 d
P. maximartinezii						
T1- Test	72 ± 1.773 b	72 ± 1.773 b	36 ± 2.560 cd	3 ± 0.963 ef	4 ± 0.48 d	2 ± 0.708 a

T2-D mínima	32 ± 4.224 d	72 ± 1.773 d	12 ± 1.959 e	1 ± 0.487 f	1 ± 0.947 d	1 ± 0.578 bc
T3-D maxima	54 ± 4.408 bc	72 ± 1.773 bc	32 ± 3.137 cd	3 ± 1.302 ef	4 ± 0.747 d	2 ± 0.755 a
T4- DL50	52 ± 3.182 c	72 ± 1.773 c	20 ± 2.100 de	2 ± 0.738 f	3 ± 0.788 d	1 ± 0.566 b

Vigor=Vigor germinativo (%); GER =Capacidad de germinación (%), PN= Plántulas Normales, LMP= Longitud Media de Plúmula, LMR= Longitud Media de Radícula y PS= Peso Seco. D.E= Desviación estándar; Pc= Primer conteo; Sc= Segundo conteo. Letras diferentes en columnas indican diferencias significativas ($P<0.05$).

6.1.2. Efecto UV-C sobre la prueba de envejecimiento acelerado (PEA)

Los promedios de las variables evaluadas en la PEA mostraron diferencia significativa en las dosis (P< 0.05) en la mayoría de las dosis, menos en PA y LMR. Se encontraron diferencias altamente significativas entre especies (P< 0.01) en todas las variables menos en PN y LMP, mostrando para la variable de Vigor los promedios de 98.8, 86.3, 76.6 y 36.2% para *G. max*, *T. aestivum*, *H. annuus* y para el pino respectivamente (valores correspondientes al primer conteo); mientras que para la variable de capacidad de germinación presentaron valores promedios de 97.0, 88.0, 75.3 y 36.2% respectivamente para *G. max*, *T. aestivum*, *H. annuus* y *P. maximartinezii* (Tabla VII).

Sin embargo, el promedio para PN fue mayor en *T .aestivum* (73.8%), seguido del *P. maximartinezii* (36.1%), *G. max* (29.3) y *H. annuus* (5.12%). La variable PN, al igual que las variables anteriores presentó diferencias significativas entre las dosis (F=2.87, P<0.05), no mostrando sin embargo, diferencia entre especies ni en su interacción (F=1.22, P>0.05).

En las variables de LMP solo presentó diferencia significativa (F=4.95, P<0.01) entre las dosis. En el caso LMR solo presentó diferencia significativa (F=30.62, P<0.01) entre las especies (Tabla VII) con valores promedios de 4.6 y 17.2cm de longitud para *G. max*, 6.5 y 13.5cm para *T. aestivum*, 1.0 y 3.41cm para *H. annuus* y 3.9cm y 4.69cm para *P. maximartinezii*. Mientras que el PS presento un promedio de 0.95g para *G. max*, 0.88g para *T. aestivum*, 0.047g para *H. annuus*, mientras que el *P. maximartinezii* mostró 1.72g. Estas variables al igual que las anteriores mostraron diferencias significativas entre las dosis con (F=11.3, P<0.01), entre especies (F=223.02, P<0.01) y su interacción con (F=18.42, P<0.01). (Tabla VII).

Tabla VII.

Cuadrados medios (CM) de las variables de la Prueba de Envejecimiento Acelerado realizada en semillas de *G. max*, *T. aestivum*, *H. annuus* y *P. maximartinezii* irradiadas con UV-C.

FV	GL	Vigor		GER		PN	
		CM	F_{cal}	CM	F_{cal}	CM	F_{cal}
Dosis	3	30.1953	3.47**	26.0911	3.32*	127.645	2.87 *
Especie	3	3907.877	448.52**	3831.690	488.05**	0	0 NS
D*E	9	121.245	13.92**	127.2387	16.21 **	54.506	1.22NS
Error		8.71284		7.851		44.545	
C.V.		15.8416		15.1138		73.901	
FV	**GL**	**LMP**		**LMR**		**PS**	
		CM	F_{cal}	**CM**	F_{cal}	**CM**	F_{cal}
Dosis	3	278609	4.95**	10.755	0.30 NS	2.0406	11.13**
Especie	3	0.3705	0.07 NS	1080.578	30.62**	40.872	223.02**
D*E	9	14.165	2.52 NS	2.0507	0.06 NS	3.3763	18.42 **
Error		5.6276		35.290		0.1832	
CV		59.001		61.065		57.318	

Vigor=Vigor germinativo (%); GER=Capacidad de germinación (%), Plántulas Normales (PN) (%), Longitud Media de Plúmula, (LMP) (cm), Longitud Media de Radícula (LMR) (cm) y Peso Seco (PS) (g).**= Altamente significativo (P<0.01); **GL**=Grados de libertad; Error= cuadrado medio del error; **CV**= Coeficiente de variación

Al analizar los valores promedios de las variables anterior mente mencionadas, se encontró que la *G. max* presenta los mejores valores de vigor (97.2-99.4%), la Capacidad de Germinación (95-99%), en comparación con el resto de las especies, siendo el T4 (DL50) donde mostro mayor efecto dañino. Para las variables de LMP y LMR los valores promedio oscilaron entre 3.62 - 5.61 y de 16.18 - 18.65cm respectivamente, no habiendo diferencia entre los tratamientos para LMR (F= 0.30; P>0.05). (Ver tabla VIII).

En el *T. aestivum* obtuvo un promedio de 84.5 a 93.0 % y en pino de 23.5 a 60.5 % para las variables de vigor y Capacidad de germinación, para *H. annuus* varía en Vigor de 69.5 a 79.5 % y en la Capacidad de germinación 70 a 78%; para PN en el *T. aestivum* varió de 64.5 a 84.5%, para *H. annuus* de 3.5 a 8.5 % y para *P. maximartinezii* de 23.5 a 60.5%. En la variable de LMP con 6.16 a 7.01cm para *T .aestivum*, 0.71 a 1.49cm para *H. annuus* y 2.27 a 6.77cm para *P. maximartinezii*. En LMR de un 12.65 a 14.39cm, 2.42 a 5.25 cm y 4.46 a 4.99cm respectivamente. En PS con 0.24 a 2.79g para *T. aestivum* y 1.12 a 2.85g para *P. maximartinezii*.

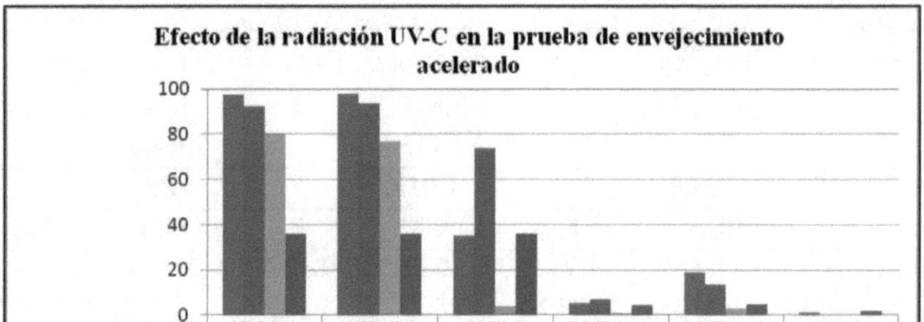

	VIG(%)	GER (%)	PN(%)	LMP(cm)	LMR(cm)	PS(g)
G. max	97.5	98	35	5.17	18.65	1.17
T .aestivum	92	93.5	74	6.83	13.73	0.26
H. annuus	80	77	4	1.05	3.19	0.056
P. maximartinezii	36	36	36	4.14	4.75	1.77

Figura 2. Valores medios del efecto de las radiaciones UV-C en el Vigor (VIG), Capacidad de germinación (GER), Plántulas Normales (PN), Longitud Media de Plúmula (LMP), Longitud Media de Radícula (LMR) y Peso Seco (PS) en semillas de *G. max*, *T. aestivum*, *H. annuus* y *P. maximartinezii*

La comparación de valores medios (Figura 2), mostraron que las especies formaron grupos según la variable evaluada como en Germinación con (F=488.05, P<0.01) y en LMR con (F=30.62, P<0.01) donde el *T. aestivum* y la *G. max* son estadísticamente iguales y desde el punto de vista de PS donde el *T. aestivum* y el *H. annuus* son estadísticamente iguales.
En esta investigación tomamos como dosis óptimas los tratamientos T3 correspondiente a la dosis máxima para las especies de *G. max*, *T. aestivum*, *H. annuus* y *P. maximartinezii*.

Tabla VIII.

Valores promedio de las variables de la prueba de envejecimiento acelerado realizada en semillas de *G. max*, *T .aestivum*, *H. annuus* y *P. maximartinezii* Irradiadas con UV-C.

Dosis	**Vigor** ± D.E.	**GER** ± D.E	**PN** ± D.E	**LMP** ± D.E	**LMR** ± D.E	**PS** ± D.E
G. max						
T1- Testigo	99.5±0.353 a	95±1.488 ab	34.5±2.446 d	5.615±1.597 abc	17.312±3.058 ab	1.103±0.298 c
T2-D mínima	99±0.462 ab	96±1.069 ab	24.5±1.885 d	3.625±1.247 cd	16.187±5.357 ab	0.772±0.235 c
T3-D máxima	97.5±1.407 ab	98±1.069 ab	35±2.605 d	5.165±1.513 abc	18.65±1.476 a	1.168±0.337 c
T4- DL50	99.5±0.353 a	990.463 a	23.5±2.532 d	3.995±1.843 cd	16.825±5.065 ab	0.79±0.351 c
T. aestivum						
T1- Test	87±2.915 abc	87.5±2.949 abc	84.5±2.9 a	7.01±1.010 a	13.477±1.101b	2.793±0.438 d
T2-D mínima	84.5±0.834 bc	86.5±1.061 abc	72.5±1.727 abc	6.205±0.713 ab	12.652±1.34 b	0.236±0.020 d
T3-D máxima	92±1.195 abc	93.5±1.061 ab	74±1.604 abc	6.83±0.693 a	13.73±1.208 ab	0.257±0.030 d
T4- DL50	82±2.777 cd	84.5±2.295 bc	64.5±21.416 bc	6.165±0.771 ab	14.39±1.512 ab	0.24±0.037 d
H. annuus						
T1- Test	69.5±5.370 de	70±3.928 de	8.5±1.458 e	1.495±1.214 e	5.255±4.434 c	0.0562±0.059 d

T2-D mínima	77.5±2.133 cd	78±2.563 cd	4.5±1.26 e	0.711±0.869 e	2.425±2.877 c	0.0262±0.037 d
T3-D máxima	80±0.925 cd	77±1.488 cd	4±1.195 e	1.05±1.546 e	3.1875±3.799 c	0.0562±0.077 d
T4- DL50	79.5±1.552 cd	76.5±2.1cd	3.5±1.126 e	0.755±0.943 e	2.775±3.65 c	0.0525±0.079 d
P. maximartinezii						
T1- Test	60.5±1.726 e	60.5±1.727 e	60±1.604 c	6.772±1.289 a	4.995±0.329 c	2.856±0.441 a
T2-D mínima	25±1.752 f	25±1.753 f	25±1.753 d	2.527±0.984 de	4.575±0.525 c	1.151±0.328 c
T3-D máxima	36±2.329 f	36±2.33 f	36±2.33 d	4.135±1.545 bcd	4.745±0.419 c	1.773±0.405 b
T4- DL50	23.5±1.552 f	23.5±1.553 f	23.5±1.553 d	2.275±0.543 de	4.467±1.049 c	1.121±0.274 c

Vigor=Vigor germinativo (%); GER =Capacidad de germinación (%), PN= Plántulas Normales, LMP= Longitud Media de Plúmula, LMR= Longitud Media de Radícula y PS= Peso Seco. D.E= Desviación estándar; Pc= Primer conteo; Sc= Segundo conteo. Letras diferentes en columnas indican diferencias significativas ($P<0.05$).

6.1.3. Efecto UV-B sobre la germinación estándar (GE)

Los resultados de las variables evaluadas mostraron diferencias significativas entre las especies (P< 0.01) y entre las dosis para las variables PN, LMP, LMR y PS. La variable de Vigor presentó valores promedio de 99.6, 98.0, 87.3, 92.1% para la *G. max*, *T. aestivum*, *H. annuus* y *P. maximartinezii* respectivamente. El análisis de varianza mostró diferencias significativas entre las especies (P<0.01) para todas las variables. La variable de Capacidad de germinación presenta un promedio para *G. max*, y *T .aestivum* estadísticamente iguales con 98.8 y 98.2% respectivamente; sin embargo *H. annuus* 87.2% y *P. maximartinezii* 92.1% se observaron diferencias significativas (F=29.1, P<0.01) como indican los resultados de la tabla IX.

El promedio para PN fue mayor en *T. aestivum* de 81.3%, seguido de *G. max* 54.2%, *H. annuus* 49.25% y *P. maximartinezii* 49.7%. En las variables de LMP y LMR los valores promedios fueron 8.03 y 19.68cm para *G. max*, 7.31 y 15.58cm para *T. aestivum*, un 9.9 y 15.57cm para *H. annuus* y 4.89cm y 6.85cm para *P. maximartinezii*. Mientras el PS presento promedio de 1.79g para *G. max*, 0.31g para *T. aestivum*, 0.46g paras *H. annuus* y 2.59g para *P. maximartinezii*. Estas variables de LMP, LMR Y PS mostraron diferencias significativas entre dosis (P<0.01), entre especies (P<0.01) y su interacción con (P<0.01) respectivamente. (Ver Tabla IX).

Tabla IX.

Cuadrados medios (CM) de las variables de la Prueba de Germinación Estándar realizada en semillas de *G. max*, *T. aestivum*, *H. annuus* y *P. maximartinezii* irradiadas con UV-B.

FV	GL	Vigor		GER		PN	
		CM	F_{cal}	CM	F_{cal}	CM	F_{cal}
Dosis	3	3.7994	2.01NS	3.3541	1.58 NS	272.2994	52.61**
Especie	3	64.343	33.98**	61.7688	29.1**	470.2830	90.87**
D*E	9	1.2055	0.64NS	0.9768	0.46 NS	46.5742	9.00**
Error		1.8936		2.1224		5.1753	
CV		5.8382		6.1911		15.5137	

FV	GL	LMP		LMR		PS	
		CM	F_{cal}	CM	F_{cal}	CM	F_{cal}
Dosis	3	67.3049	25.93**	8.6874	3.62**	3.3782	33.04**
Especie	3	121.826	46.94**	907.621	378.68**	38.9343	380.81**
D*E	9	17.2833	6.66**	11.6176	4.85**	0.9476	9.27**
Error		2.5954		2.3968		0.1022	
CV		21.360		10.734		24.7403	

Vigor=Vigor germinativo (%); GER=Capacidad de germinación (%), Plántulas Normales (PN) (%), Longitud Media de Plúmula, (LMP) (cm), Longitud Media de Radícula (LMR) (cm) y Peso Seco (PS) (g).**= Altamente significativo ($P<0.01$); **GL**=Grados de libertad; Error= cuadrado medio del error; **CV**= Coeficiente de variación.

Al analizar los valores medios de las variables estudiadas se encontró que para la *G. max* el Vigor y Capacidad de Germinación se mantuvo constante con valores de 99.5 a 100.0 y de 96.5 a 100.0%, respectivamente, en tanto la variable de PN fue de 33 a 84%; siendo el T2 (Dosis mínima) el que mostró menor efecto dañino. Para las variables de LMP varió de 5.625 a 10.222cm, en LMR va de 17.405 a 21.812cm no habiendo diferencia entre los tratamientos. En cuanto al PS con 1.085 a 2.685g (Tabla X).

En *T. aestivum* el Vigor mostró una variación de 95.0 a 99.5% y la Capacidad de Germinación presentó valores de 96.5 a 10.0%, para PN varió de 75 a 88%, en la variable de LMP con 6.42 a 8.23cm, en LMR de un 14.6 a 16.38cm y en PS con 0.28 a .36g.

En *H. annuus* la variable de Vigor varía de 83.5 a 88.5%, en la Capacidad de Germinación vario de 84.0 - 88.5%, en PN fue de 36.5 - 71.5%. En las variables de LMP con una variación de 7.5a 14.2cm, para LMR con 14.5a 16.2 cm y el PS con 0.33 a 0.69g.

El *P. maximartinezii* presentó una variación de 89.5 a 94.5% de Vigor, en Capacidade de Germinación fue de 89.5 a 94.5%, PN varió de 34.5 a 58.5%. En tanto las variables de LMP y LMR fueron de 2.97 a 5.89cm y de 6.63 a 7.04cm respectivamente y en PS fue de 1.75 a 3.20g (Tabla X).

Para esta investigación tomamos como dosis óptimas los tratamientos T2 correspondiente a la dosis mínima para las especies de soya, trigo, girasol y pino.

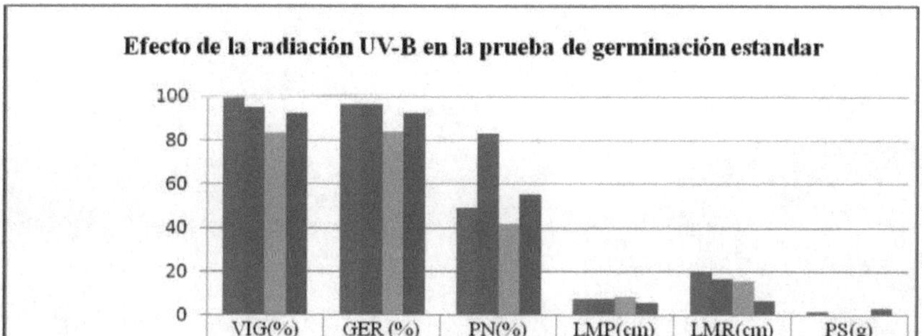

	VIG(%)	GER (%)	PN(%)	LMP(cm)	LMR(cm)	PS(g)
■ G. max	99.5	96.5	49	7.74	19.84	1.73
■ T .aestivum	95	96.5	83	7.55	16.39	0.31
■ H. annuus	83.5	84	42	8.57	15.53	0.4
■ P. maximartinezii	92.5	92.5	55.5	5.9	6.8	2.87

Figura 3. Valores medios del efecto de las radiaciones UV-B en el Vigor (VIG), Capacidad de germinación (GER), Plántulas Normales (PN), Longitud Media de Plúmula (LMP), Longitud Media de Radícula (LMR) y Peso Seco (PS) en semillas de *G. max, T. aestivum, H. annuus* y *P. maximartinezii*

La comparación de valores medios (Figura. 3), mostró que las especies formaron grupos según la variable evaluada como en Vigor y Capacidad de Germinación donde la *G. max*, el *T. aestivum* y el *P. maximartinezii* son estadísticamente iguales con una diferencia significativa entre especies para Vigor de ($F=33.98$, $P<0.01$), para Capacidad de Germinación ($F=29.1$, $P<0.01$), y en las variables de LMR y PS las especies de *T. aestivum* y *H. annuus* formaron un solo grupo estadístico con ($F=378.68$, $P<0.01$) Para LMR y para PS con ($F=380.81$, $P<0.01$).

Tabla X.

Valores promedio de las variables de la prueba de germinación estándar realizada en semillas de *G. max*, *T. aestivum*, *H. annuus* y *P. maximartinezii* irradiadas con UV-B

Dosis	**Vigor** ± D.E.	**GER** ± D.E	**PN** ± D.E	**LMP** ± D.E	**LMR** ± D.E	**PS** ± D.E
G. max						
T1- Testigo	99.5± 0.353 ab	100± 0.534 a	84± 0.755 ab	10.222± 2.437 b	17.405± 1.812 bc	2.685± 0.115 ab
T2-D mínima	99.5± 0.353 ab	96.5± 1.356 abcd	49± 3.845 dgef	7.744± 1.798bcdef	19.835± 0.782 a	1.731± 0.374 c
T3-D máxima	100± 0 ab	99.5± 0.353 abcd	33± 3.693 h	5.625± 2.082 fg	21.812± 1.218 a	1.085± 0.537 d
T4- DL50	99.5± 0.353 ab	99.5± 0.353 abcd	51± 2.915 def	8.54± 2.069 bcd	19.667± 2.603 ab	1.68± 0.388 c
T. aestivum						
T1- Test	98± 0.755 abc	97.5± 0.744 abcd	88± 1.511 ab	8.23± 0.814 bcde	14.652± 0.840 d	0.361± 0.051 e
T2-D mínima	95± 0.886 abcd	96.5± 0.834 abcd	83± 1.908 ab	7.555± 0.952cdef	16.387± 0.35 cd	0.314± 0.039 e
T3-D máxima	99.5± 0.353 ab	99± 0.462 abc	79.5± 1.246 ab	7.045± 0.485cdefg	15.447± 1.385 cd	0.289± 0.035 e
T4- DL50	99.5± 0.353 ab	100± 0 a	75± 1.388 ab	6.42± 0.351 defg	15.842± 0.717 cd	0.285± 0.025 e
H. annuus						
T1- Test	87.5± 1.457 de	87.5± 1.457 de	71.5± 1.356 bc	14.178± 1.338 a	16.175± 1.517	0.696± 0.039 de

					cd	
T2-D mínima	83.5± 1.885 e	84± 2 e	42± 1.195 efgh	8.556± 1.086 bcd	15.525± 1.515 cd	0.402± 0.054 e
T3-D máxima	90± 2 bcde	89± 1.908 cde	36.5± 2.642 fgh	7.467±2.148cdeefg	16.137± 2.233 cd	0.332± 0.124 e
T4- DL50	88.5±1.807 cde	88.5± 2.232 de	47± 2.492 defgh	9.528±1.823 bc	14.46± 1.848 d	0.436± 0.108 e
P. aximartinezii						
T1- Test	92± 1.195 abcde	92± 1.195 abcde	58.5± 1.767 cd	5.753± 1.175 efg	6.94± 0.453 e	3.209± 0.382 a
T2-D mínima	92.5± 1.356 abcde	92.5± 1.356abcde	55.5± 2.949 de	5.897± 1.335 efg	6.8± 0.467 e	2.872± 0.604 ab
T3-D máxima	94.5± 1.505 abcd	94.5± 1.505 abcd	50.5± 0.744 def	4.932± 0.424 gh	6.637± 0.655 e	2.546± 0.456 b
T4- DL50	89.5± 3.159 cde	89.5± 3.159 bcde	34.5± 1995 gh	2.977± 0.783 h	7.042± 1.039 e	1.754± 0.540 c

Vigor=Vigor germinativo (%); GER=Capacidad de germinación (%), PN= Plántulas Normales, LMP= Longitud Media de Plúmula, LMR= Longitud Media de Radícula y PS= Peso Seco. D.E= Desviación estándar; Pc= Primer conteo; Sc= Segundo conteo.
Letras diferentes en columnas indican diferencias significativas (P<0.05)

6.1.4. Efecto UV-B sobre la prueba de envejecimiento acelerado (PEA).

Los promedios de las variables evaluadas en la PEA mostraron diferencia significativa entre las especies ($P < 0.01$) para todas las variables; las diferencias altamente significativas en las dosis solo se mostraron en las variables de PN, LMP y PS. Mostrando para la variable de Vigor un promedio de 97.2% para la *G. max*, 93.1% para el *T. aestivum*, 82.0% en el *H. annuus* y para el *P. maximartinezii* un 83.8%; mientras que para la variable de Germinación presentaron un promedio 97.3% para *G. max* y 95.6% para *T. aestivum*, 82.3% para *H. annuus* y 83.8% para *P. maximartinezii* (Ver tabla XI).

Sin embargo el promedio para PN fue de 79.6% para *T. aestivum*, 40.7% para *H. annuus* y finalmente la *G. max* y el *P. maximartinezii* con 36.6 y 35.5% respectivamente; esta variable presentó diferencia significativa entre las dosis ($F=92.81$, $P<0.01$), especies con ($F=180.8$ $P<0.01$) y en su interacción con ($F=15.44$, $P<0.01$). En las variables de LMP y LMR se presentaron diferencias significativas en las dosis, especies y en su interacción ($P<0.01$) (Tabla XI) con los promedios 5.08 y 15.70cm para *G. max*, en 6.76 y 15.10cm para *.aestivum*, 8.52 y 16.32cm para *H. annuus* y de 3.08 y 5.64cm para *P. maximartinezii*. Mientras que el PS presento promedio 1.26g para *G. max*, 0.27g para *T. aestivum*, 0.39g para *H. annuus*, y 2.17g para *P. maximartinezii*. Esta variable mostro diferencias significativas entre dosis ($F=34.92$, $P<0.01$), especies ($F=154.06$, $P<0.01$) y su interacción ($F=10.414$, $P<0.01$) Ver tabla XI.

Tabla XI.

Cuadrados medios (CM) de las variables de la prueba de envejecimiento acelerado realizada en semillas de *G. max*, *T. aestivum*, *H. annuus* y *P. maximartinezii* irradiadas con UV-B.

FV	GL	Vigor		GER		PN	
		CM	F_{cal}	CM	F_{cal}	CM	F_{cal}
Dosis	3	1.8437	0.62NS	3.1354	1.14 NS	456.7500	92.81**
Especie	3	106.804	35.89**	120.9782	44.05**	890.1130	180.8**
D*E	9	3.0783	1.03NS	2.6409	0.96NS	76.0090	15.44**
Error		2.976		2.7465		4.9214	
CV		7.7479		7.3809		18.4389	
FV	**GL**	**LMP**		**LMR**		**PS**	
		CM	F_{cal}	CM	F_{cal}	CM	F_{cal}
Dosis	3	134.7800	91.95 **	7.3637	1.54 NS	5.3040	34.92 **
Especie	3	161.4949	110.17**	784.3162	164.23**	23.3982	154.06**
D*E	9	39.6630	27.06 **	6.4646	1.35NS	1.5814	10.41 **
Error		1.4658		4.7755		0.1518	
CV		20.64		16.56		37.9805	

Vigor%=Vigor germinativo (%); GER %=Capacidad de germinación (%), Plántulas Normales (PN) (%), Longitud Media de Plúmula, (LMP) (cm), Longitud Media de Radícula (LMR) (cm) y Peso Seco (PS) (g).**= Altamente significativo (P<0.01); **GL**=Grados de libertad; Error= cuadrado medio del error; **CV**= Coeficiente de variación.

Al analizar los valores medios de las variables estudiadas (Vigor, Ger%, PN, LMP, LMR y PS) se encontró que para la *G. max* en Vigor y Capacidad de Germinación se mantuvieron constantes con valores de 95.5 - 98.5% y de 95 - 99.5%, respectivamente; en tanto la variable de PN fue de 17.5 - 78.5%; siendo el T2 (Dosis mínima) el que mostró menor efecto dañino. Para las variables de LMP varió de 2.97 - 10.17cm, en LMR varió de 14.76 -16.96cm no habiendo diferencia entre los tratamientos. En cuanto al PS varió de 0.64 - 2.68g (Ver tabla XII).

El *T. aestivum* en Vigor mostró una variación de 91 - 94% y Capacidad de Germinación presentó valores de 94.5 – 96.0%, para PN varió de 75.0 -

83.5%, en la variable de LMP con 6.35 - 7.23cm, en LMR de un 14.89 - 15.32cm y en PS con 0.26 - 0.28g.

En *H. annuus* la variable de Vigor mostró una variación de 80.0 - 84.5%, en la Capacidad de Germinación varió de 80.5 - 85.0%, en PN fue de 21.5 - 68.0%. En las variables de LMP varió de 4.54 - 13.83cm, para LMR con 14.94 - 17.05cm y el PS con 0.19 - 0.65g.

El *P. maximartinezii* presentó una variación de 81 - 89% de Vigor, en Capacidad de Germinación fue de 81 - 89%, PN varió de 25.0 - 46.5%. En tanto las variables de LMP y LMR fueron de 2.26 - 4.10cm y de 5.42 - 5.86cm respectivamente y el PS fue de 1.59 a 2.76g. (Ver tabla XII).

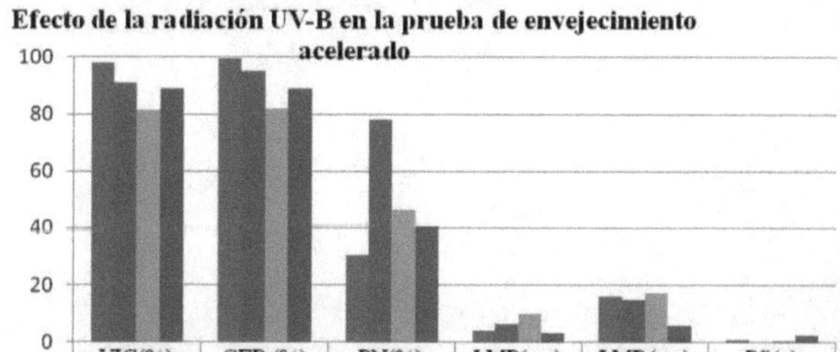

	VIG(%)	GER (%)	PN(%)	LMP(cm)	LMR(cm)	PS(g)
G. max	98	99.5	30.5	3.98	16.03	0.9
T. aestivum	91	95	78	6.35	15.09	0.26
H. annuus	81.5	82	46.5	9.98	17.05	0.48
P. maximartinezii	89	89	40.5	3.23	5.87	2.46

Figura 4. Valores medios del efecto de las radiaciones UV-B en el Vigor (VIG), Capacidad de germinación (GER), Plántulas Normales (PN), Longitud Media de Plúmula (LMP), Longitud Media de Radícula (LMR) y Peso Seco (PS) en semillas de *G. max*, *T. aestivum*, *H. annuus* y *P. maximartinezii*.

La comparación de valores medios (Figura 4), mostró que las especies formaron grupos según la variable evaluada como en Vigor y Capacidad de germinación donde la *G. max* y el *T. aestivum* son estadísticamente iguales, mientras que el *H. annuus* y el *P. maximartinezii* formaron un segundo grupo con una diferencia significativa entre especies para Vigor de ($F=35.89$ $P<0.01$), para Capacidad de germinación ($F=44.05$, $P<0.01$) y en las variables de LMR las especies de *G. max*, *T .aestivum* y *H. annuus* formaron un solo grupo estadístico con ($F=164.23$, $P<0.01$) y para PS el *T .aestivum* y *H. annuus* son estadísticamente iguales con ($F=154.06$, $P<0.01$).

Para esta investigación tomamos como dosis óptimas los tratamientos T2 correspondiente a la dosis mínima para las especies de *G. max*, *T. aestivum*, *H. annuus* y *P. maximartinezii.*

Tabla XII.

Valores promedio de las variables de la prueba de Envejecimiento Acelerado realizada en semillas de *G. max*, *T. aestivum*, *H. annuus* y *P. maximartinezii* irradiadas con UV-B.

Dosis	**Vigor** ± D.E.	**GER** ± D.E	**PN** ± D.E	**LMP** ± D.E	**LMR** ± D.E	**PS** ± D.E
G. max						
T1- Testigo	97±1.035 a	97± 0.707 a	78.5±2.387 a	10.178±1.145 b	16.96±1.444 a	2.685±0.299 a
T2-D mínima	98±0.756 a	99.5±0.354 a	30.5±4.658 cd	3.98±2.002 efg	16.025±2.905 a	0.901±0.479 d
T3-D máxima	98.5±0.518 a	98±0.756 a	17.5±1.598 d	2.977±1.055 fg	14.76± 4.333 a	0.841±0.713 de
T4- DL50	95.5±1.727 ab	95±2.053 abc	20±1.069 d	3.22±0.948 fg	15.12± 2.497 a	0.641±0.143 def
T. aestivum						
T1- Test	94±1.773 abc	96±1.069 ab	83.5±2.357 a	6.865±0.831 c	15.32± 0.839 a	0.286±0.038 ef
T2-D mínima	91±1.909 abcde	95±1.035 abc	78± 2 a	6.35±0.809 cd	15.092±2.169 a	0.26± 0.044 ef
T3-D máxima	95±1.165 ab	97±0.707 a	82±2.268 a	7.23±0.632 c	14.892±0.879 a	0.275± 0.038 ef
T4- DL50	92.5±1.126 abcd	94.5±1.061 abc	75±1.832 a	6.61±0.655 cd	15.115±1.271 a	0.261±0.024 ef
H. annuus						
T1- Test	80±2.673 e	80.5±2.748 d	68±2.33 a	13.838±2.226 a	16.88± 2.559 a	0.652± 0.115 def
T2-D mínima	81.5±1.188 de	82±1.195 d	46.5± 2.2 b	9.977±1.962 b	17.052±1.350	0.476± 0.092

					a	def
T3-D máxima	82±2.507 cde	82±2.507 d	27±1.488 cd	5.752±1.293 cde	16.422±1.632 a	0.267± 0.079 ef
T4- DL50	84.5±1.808 bcde	85±2.053 cd	21.5±1.188 d	4.54± 0.915 def	14.94± 2.957 a	0.193± 0.048 f
P. maximartinezii						
T1- Test	81± 2.375 de	81±2.375 d	46.5± 2.56 b	4.108±1.017 efg	5.55± 0.630 b	2.765±0.575 a
T2-D mínima	89±1.282 abcde	89±1.282 abcd	40.5±1.959 bc	3.222±0.571 efg	5.867± 0.556 b	2.456± 0.379 ab
T3-D máxima	84±1.690 bcde	84±1.690 cd	30±1.773 cd	2.745±0.682 fg	5.722± 0.898 b	1.86± 0.457 bc
T4- DL50	81.5±2.264 de	81.5±2.264 d	25±1.389 cd	2.26± 0.541 g	5.42± 1.119 b	1.595± 0.552 c

Vigor=Vigor germinativo (%); GER=Capacidad de germinación (%), PN= Plántulas Normales, LMP= Longitud Media de Plúmula, LMR= Longitud Media de Radícula y PS= Peso Seco. D.E= Desviación estándar; Pc= Primer conteo; Sc= Segundo conteo. Letras diferentes en columnas indican diferencias significativas ($P<0.05$)

6.1.5. Efectos de la radiación UV-C y UV-B sobre las plántulas

Los cambios mostrados por efecto de la irradiación de la semilla de *G. max* se manifestaron en el hipocotílo al presentar daños necróticos, curvatura debajo de los cotiledones, un entrelazamiento de los cotiledones que restringió la emergencia del epicótilo así como fisuras o divisiones en la radícula (Figura 5).

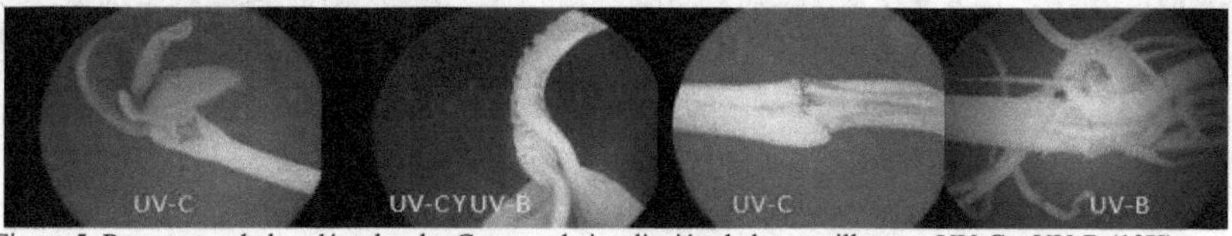

Figura 5. Respuestas de las plántulas de *G. max* a la irradiación de las semillas con UV-C y UV-B (10X).

Las alteraciones mostradas en las plántulas de *T. aestivum* por efecto de los tratamientos de irradiación UV en la semilla fueron fisura del coleóptilo desde la base de la raíz, al igual que la torsión de la plúmula y estrangulamiento del mesocótilo (Figura 6).

Figura 6. Respuestas de las plántulas de *T. aestivum* a la irradiación de las semillas con UV-C. a(10X) y b y c (40X).

Las plántulas de *H. annuus* sufrieron diferentes malformaciones derivadas de la irradiación con UV-C, las cuales fueron enroscamientos, fisuras y curvatura del hipocotílo además de la deformación de sus tejidos formando excrecencias y rupturas los cuales provocan crecimientos asimétricos (Figura 7).

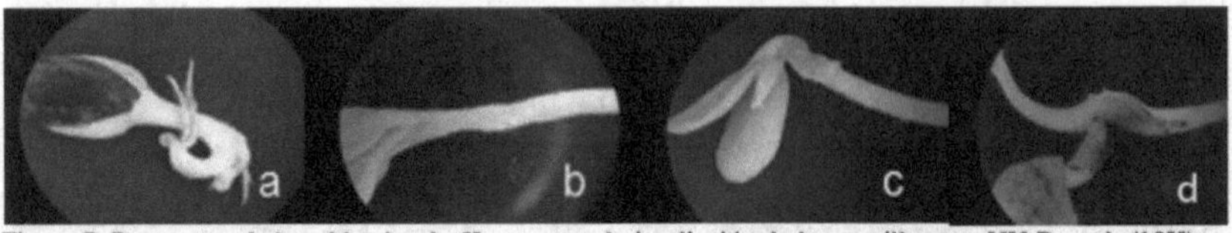

Figura 7. Respuestas de las plántulas de *H. annuus* a la irradiación de las semillas con UV-B a y b (10X) y UV-C c y d (40X).

En *P. maximartinezii* las alteraciones mostradas en las plántulas por efecto de los tratamientos de irradiación UV-C y UV-B fueron fisuras desde la base de la radícula y curvatura del hipocotílo además de la deformación de sus tejidos formando diferentes lesiones e inducen la inhibición de la elongación del hipocotílo al igual que su curvatura.

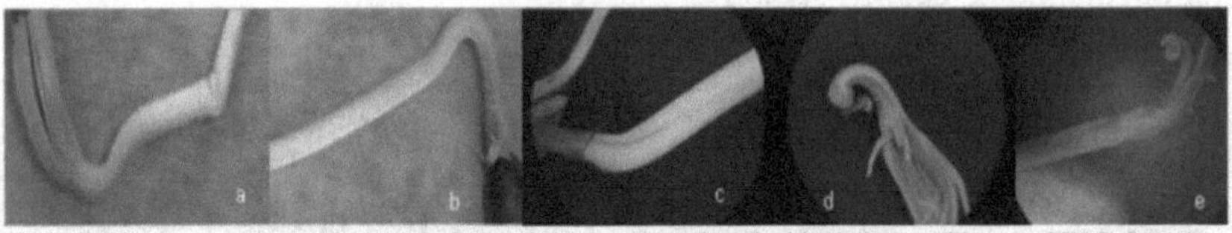

Figura 8. Respuestas de las plántulas de *P. maximartinezii* a la irradiación de las semillas con UV-B (b y c) y UV-C (a, d y e). c,d y e(10X)

6.2. Pruebas en semillas de *G. max* en condiciones de invernadero

6.2.1. Producción de biomasa y potencial redox de plantas bajo el efecto de irradiación UV-C, UV-B y la salinidad.

La evaluación de la producción de biomasa en condiciones de invernadero se realizó al día 95 después de la siembra y el potencial redox que se evaluó al día 90 después de la siembra. La tabla XIII muestra diferencias altamente significativas entre tratamientos ($F=72.33$, $P<0.01$) para la variable de biomasa total; al igual que para su potencial redox que presentó alta significancia en la variable de peciolo ($F=15.13$, $P<0.01$), no así en tallo el cual presentó valores negativos o bajos lo cual indica mayor energía libre en el sistema ya sea para aceptar electrones (reducción) o perder electrones (oxidación).

La variable de biomasa total presentó un promedio de 97.89g, en tanto que para el potencial redox se obtuvo un promedio para la variable de peciolo de 47.10mV, en tanto que para la variable de tallo presentó un promedio negativo de un -8.12mV.

Tabla XIII.

Cuadrados medios (CM) y valores de F del análisis de varianza aplicado a las variables de biomasa total y potencial redox en plantas de *G. max* obtenidas de semillas tratadas con UV-C y UV-B en medio salino.

FV	Cuadrados medios y valores de F					
	BIOMASA		POTENCIAL REDOX			
	TOTAL	F_{cal}	TALLO	F_{cal}	PECIOLO	F_{cal}
Trat	60629.695	72.33**	3674.2863	2.17NS	21999.169	15.13**
Error	838.2222		1689.96069		1453.7631	
CV	29.60062		-505.8963		80.94756	
Media	97.809		-8.126		47.1024	

****=** Altamente significativo (P<0.01); **NS**= No significativo (P>0.05).
Trat= tratamientos; Error= cuadrado medio del error; **CV**= Coeficiente de variación.

Al analizar los valores medios de las características de biomasa y potencial redox, la tabla XIV muestra para la variable de biomasa los T4 y T5 correspondientes a semilla irradiada con UV-C y UV-B más la aplicación de NaCl en el riego, presentaron una reducción en su peso, sin embargo, no así los T1, T2 y T3 que incluso obtuvieron mayor respuesta por encima del T1 el cual obtuvo una media de 96.50g; caso contrario de los T4 y T5 donde sus medias disminuyeron hasta un 31.50g. y 11.50g respectivamente, esto debido al a concentración de sales aplicadas al cultivo haciendo que la presión osmótica sea mayor y a su vez no le permite alcanzar su máximo potencial.

En el potencial redox para la variable de tallo no presentó diferencia significativa entre tratamientos sin importar el tipo de irradiación UV utilizada y su aplicación con NaCl, no así para la variable de peciolo donde los T2 y T3 mostraron mayores reacciones con un 65.19 y 119.94mV respectivamente mientras que los otros tres tratamientos presentaron una disminución de 16.27mV para el T1, en T4 un 2.72 y en T5 un 31.39mV.

Tabla XIV.

Valores promedio de las variables de biomasa total y potencial redox (mV) en plantas de *G. max* obtenidas de semillas tratadas con UV-C y UV-B en medio salino.

TRAT	Biomasa ± D.E.	Tallo ± D.E	Peciolo± D.E
T1=Testigo	96.505±55.078 b	-27.06±52.173 a	16.272±42.531 c
T2=UV-C	191.515±19.586 a	-11.81±51.418 a	65.19±40.317 b
T3=UV-B	158.015±19.465 a	-2.37±-13.803 a	119.94±42.063 a
T4=UV-C+ NaCl	31.505±17.005 c	-21.17±47.027 a	2.72±25.543 c
T5=UV-B + NaCl	11.505±10.288 c	21.78±26.114 a	31.39±37.586 bc

D.E.= Desviación estándar. Letras diferentes en columnas indican diferencias significativas (P<0.05).

6.2.2. Contenido de minerales de plantas de *G. max* bajo el efecto de irradiación UV-C, UV-B y salinidad.

En el análisis de varianza aplicado a minerales disponibles en la planta de *G. max*, la tabla XV muestra diferencias altamente significativas entre dosis en el caso de Na, Mg (P< 0.01) y significativas para K y Ca (P< 0.01).

Tabla XV.

Cuadrados medios (CM) y valores de F del análisis de varianza aplicado en minerales (%) en plantas de *G. max* obtenidas de semillas tratadas con UV-C y UV-B en medio salino.

FV	**Cuadrados medios y valores de F**							
	Minerales							
	Na	$\mathbf{F_{cal}}$	**K**	$\mathbf{F_{cal}}$	**Mg**	$\mathbf{F_{cal}}$	**Ca**	$\mathbf{F_{cal}}$
Trat	4564.719	76.63**	1.9444	2.58*	0.4365	11.18**	1.9798	3.86*
Error	59.5710		0.7527		0.0391		0.5128	
CV	42.8295		28.7172		39.3339		34.7139	
Media	18.0208		3.0212		0.5024		2.0628	

Minerales: Sodio (Na), Potasio (K), Magnesio (Mg) y Calcio (Ca). Trat=tratamientos; Error= cuadrado medio del error; **CV**= Coeficiente de variación; **= Altamente significativo (P<0.01); *= Significativo (P<0.05).

Al analizar los valores medios de minerales la tabla XVI nos muestra las medias de concentración de minerales absorbidos por las plantas de *G. max* de semillas irradiadas con UV-C y UV-B con y sin sal (NaCl a 200 ppm).

En el caso de Na el tratamiento T3 correspondiente a UV-B fue el que presentó mayor concentración de este elemento con valores de 47.4%; seguido del T2 que presentó un promedio de 34.2%, no así en los T1, T4 y T5 con 0.5, 3.3 y 4.7% donde se mostró una clara diferencia entre los tratamientos que además de la radiación se les aplicó la sal.

Para K el T1 fue el que presentó el mayor por ciento (3.74%), y siendo estadísticamente similar a los T2 (2.9%), T3 (3.06%), T4 (2.79%) y T5 (2.57%). Para Mg se formaron 2 grupos estadísticos, no se presentó diferencia entre los tratamientos con semilla irradiada, siendo el T1 quien presentó el mayor porciento siendo éste de 0.76%, y un segundo grupo donde los T4 y T5 presentaron las menores concentraciones de este elemento con valores de 0.29 y 0.28%

En el caso de Ca los tratamientos T1, T2 yT3 presentaron mayor concentración con un 2.3, 2.2 a 2.6 % respectivamente y los tratamientos T4 yT5 estadísticamente iguales con valores promedio de 1.59 a 1.61 % respectivamente. Siendo una constante que la menor concentración de minerales; se debe al efecto del doble estrés aplicado a la planta.

Tabla XVI.

Valores promedio de las variables de minerales (%) en plantas de *G. max* obtenidas de semillas tratadas con UV-C y UV-B en medio salino.

TRAT	**Na ± D.E.**	**K ± D.E**	**Mg ± D.E**	**Ca ± D.E**
T1=Testigo	0.504+0.2340 c	3.74±0.239 a	0.765±1.881 a	2.317±0.3735 ab
T2=UV-C	34.2±7.0206 b	2.931±0.236 ab	0.57±0.1249 a	2.173±0.3812 ab
T3=UV-B	47.4±15.2184 a	3.068±0.196 ab	0.6±0.3031 a	2.61±0.3885 a
T4=UV-C+ NaCl	3.3±1.1595 c	2.79±0.272 ab	0.293±0.1206 b	1.596±0.2258 b
T5=UV-B + NaCl	4.7±3.9455 c	2.577±1.881 b	0.284±0.2132 b	1.618±1.4412 b

Minerales: Na= Sodio (%); K= Potasio (%); Mg= Magnesio (%); Ca= Calcio (%);
D.E.= Desviación estándar. Letras diferentes en columnas indican diferencias significativas ($P<0.05$).

6.2.3. Evaluación del área total del haz vascular y tamaño de vasos de xilema de plantas de *G. max* bajo el efecto de irradiación UV-C, UV-B en medio salino.

El análisis de varianza (tabla XVII) aplicado en el área total del haz vascular y tamaño vasos de xilema muestra la diferencia significativa entre tratamientos para al área total del haz vascular (F= 2.74 P<0.01) y alta significancia para los tres diferente tamaños de vasos de xilema (P< 0.01).

Tabla XVII.

Cuadrados medios (CM) y valores de F del análisis de varianza aplicado a el área total del haz vascular y tamaño de vasos de xilema en plantas de *G. max* obtenidas de semillas tratadas con UV-C y UV-B en medio salino.

	Cuadros medios y valores de F							
FV	**ATVA**	**F_{cal}**	**TG**	**F_{cal}**	**TM**	**F_{cal}**	**TP**	**F_{cal}**
Trat	21746925	0.76NS	94806.77	2.75*	5866.7769	7.95**	2173.5033	5.48**
Error	285053066		34429.723		738.34141		396.82836	
CV	69.14225		50.20172		16.01133		19.89079	
Media	24418.52		369.6138		169.7076		100.1496	

Vasos Xilema: ATAV= Área Total del haz vascular (µm²); TG= Tamaño Grande (µm²), TM= Tamaño Mediano (µm²) y TP= Tamaño Pequeño (µm²). Error= cuadrado medio del error; CV= coeficiente de variación **= Altamente significativo (P<0.01); *= Significativo (P<0.05); NS= No significativo (P<0.05).

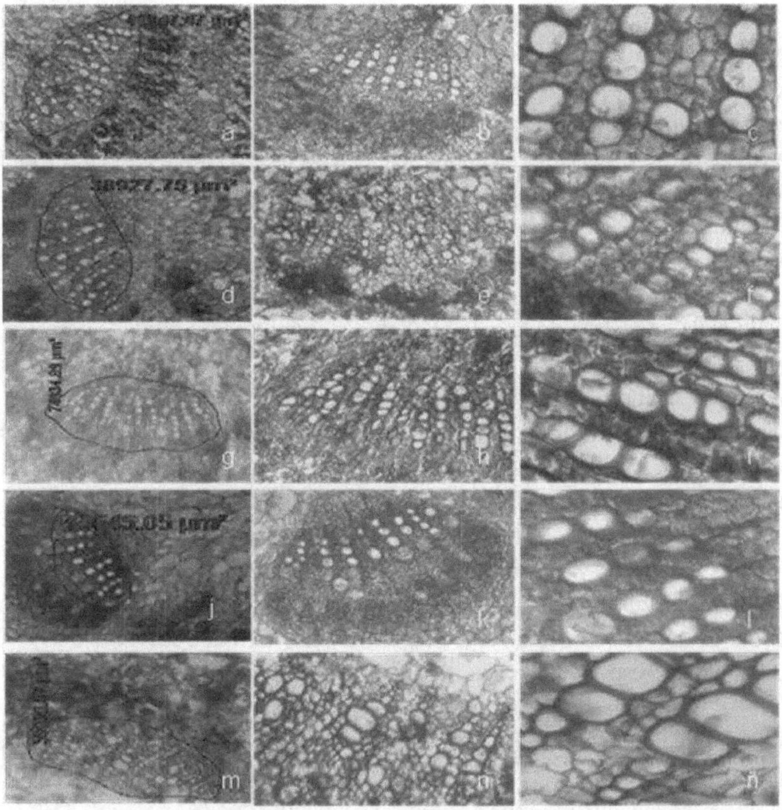

Figura 9. Cortes del tallo de plantas de *G. max* mostrando del área total del haz vascular (μm^2) y tamaño de vasos de xilema (μm^2) tratadas con UV-C y UV-B y medio salino.T1= testigo a (2.5x), b (10x) y c (40x), T2=UV-C d (2.5x), e (10x) y f (40x), T3=UV-B g (2.5x), h (10x) y i (40x), T4=UV-C+NaCl j (2.5x), k (10x) y l (40x), T5=UV-B+NaCl m(2.5x), n (10x) y ñ (40x).

Al analizar los valores medios del área total del haz vascular y tamaño de vasos de xilema presentados en la tabla XVIII donde se muestran los valores medios tanto del área total y los diferentes tamaños de vasos, además del efecto ocasionado por la sal aplicada (NaCl) mediante el riego a plantas en invernadero, se observa la siguiente: en el caso de ATAV los T1, T2 y el T5 fueron estadísticamente iguales con un tamaño promedio de 25364, 27399 y 25442μm² mientras que el tratamiento T4 fue el que presentó menor área total con un 11709μm² y el T3 presentó el mayor promedio con un 36479μm².

En el TG de vasos de xilema el T3 fue el que presentó el mayor promedio con 1027.06μm² seguido de los tratamientos T1 con 872.19μm², T5 con 866.91μm²; siendo T2 y T4 los más afectados a consecuencia tanto de la aplicación de la radiación UV-C como de la radiación con sal la cual ocasiona mayor presión osmótica impidiendo la absorción de agua y nutrientes; con valores promedio de 627.57μm² para el T2 y 382.63μm² para el T4.

Para el TM el T1 presentó el mayor promedio de tamaño con un 657.26μm², seguido de los T3 y T5 con valores de 637.92 y 490.87μm² y por último los tratamientos que contenían UV-C, T 2 y T4 con valores de 449.005 y 237.762μm² respectivamente.

Para el TP nuevamente el T1 fue el que presentó el mayor tamaño de vaso con un promedio de 414.21μm²; los tratamientos con UV-B T3, T5 y el T2 fueron estadísticamente iguales con promedios de 287.65, 256.35μm² y 287.67μm²; por último el T4 fue quien presentó el menor promedio con un 143.28μm²

Tabla XVIII.

Valores promedio de las variables de tamaño y área total del haz vascular (μm^2) y tamaño de vasos de xilema (μm^2) en plantas de *G. max* obtenida de semillas tratadas con UV-C y UV-B en medio salino.

TRAT	ATAV ± D.E.	TG ± D.E	TM ± D.E	TP ± D.E
T1=Testigo	25364±13061 ab	872.19±108.41ab	657.267±27.832 a	414.21±131.22a
T2=UV-C	27399±17985 ab	627.57±124.41bc	449.005±78.985 c	287.65±44.83b
T3=UV-B	36479±19413 a	1027.06±255.20a	637.920±213.172ab	326.23±109.63ab
T4=UV-C+ NaCl	11709±5775 b	382.63±133.18c	237.762±56.004 d	143.28±46.85c
T5=UV-B + NaCl	25442±22943 ab	866.91±315.86ab	490.872±106.917bc	256.35±89.94bc

ATAV= Área total del haz vascular (μm^2); TG=Tamaño grande de vasos de xilema (μm^2); TM= Tamaño mediano de vasos de xilema (μm^2); TP= Tamaño pequeño de vasos de xilema (μm^2). D.E.= Desviación estándar. Letras diferentes en columnas indican diferencias significativas ($P<0.05$).

6.3. Pruebas en semillas de *T. aestivum* en condiciones de invernadero

6.3.1. Producción de biomasa y potencial redox de plantas bajo efecto de irradiación UV-C, UV-B y condiciones de salinidad.

La evaluación de la producción de biomasa en condiciones de invernadero se realizó al día 95 después de la siembra y el potencial redox que se evaluó al día 90 después de la siembra. En el tabla XIX se muestra la diferencia altamente significativa entre tratamientos (F=30.28, P<0.01); para la variable de biomasa total mostrando un valor promedio de 62.85g; el potencial redox que no presenta significancia paras las variables de tallo y espiga/peciolo.

Tabla XIX.

Cuadrados medios (CM) y valores de F del análisis de varianza aplicado a las variables de biomasa total y potencial redox en plantas de *T. aestivum* obtenidas de semillas tratadas con UV-C y UV-B en medio salino.

FV	Cuadros medios y valores de F					
	BIOMASA		POTENCIAL REDOX			
	TOTAL	F_{cal}	TALLO	F_{cal}	ESPIGA	F_{cal}
Trat	4013.4598	30.28**	4173.8992	2.32NS	1086.4543	0.52NS
Error	132.56212		1796.95344		2069.9053	
CV	18.31835		19.91491		20.71079	
Media	62.8526		212.858		219.674	

= Altamente significativo (P<0.01); *= Significativo (P<0.05); **NS= No significativo (P>0.05). Trat= tratamientos; Error= cuadrado medio del error; **CV**= Coeficiente de variación.

Al analizar los valores medios de las características de biomasa y potencial redox la tabla XX nos muestra para la variable de Biomasa que los T1, T2 y T3 fueron estadísticamente iguales los cuales obtuvieron mayor respuesta con unas medias de 81.89, 73.45 y 75.84g.

Los T4 y T5 correspondientes a semilla irradiada con UV-C y UV-B más la aplicación de NaCl en el riego, presentaron una reducción en su peso, presentando unas medias de 36.39g y 46.67g respectivamente, debido a la presión osmótica creada por las sales aplicadas en el riego la cual no le permite alcanzar su máximo potencial.

En el potencial redox para la variable de tallo no se presentaron diferencias significativas entre tratamientos sin importar el tipo de irradiación UV utilizada y su aplicación con NaCl, presentando medias que varían entre el rango de 230.54mV hasta 187.2mV. Al igual que para la variable espiga los tratamientos son estadísticamente iguales con un rango de mediar de 231.49 a 207.07mV.

Tabla XX.

Valores promedio de las variables de biomasa total y potencial redox (mV) en plantas de *T. aestivum* obtenidas de semillas tratadas con UV-C y UV-B en medio salino.

TRAT	**Biomasa ± D.E.**	**Tallo ± D.E**	**Peciolo± D.E**
T1=Testigo	81.894±13.048 a	229.18±17.964 a	231.49±47.054 a
T2=UV-C	73.454±15.259 a	222.78±30.868 a	216±41.496 a
T3=UV-B	75.844±7.702 a	230.54±21.476 a	229.41±21.715 a
T4=UV-C+ NaCl	36.394±10.166 b	194.59±66.674 a	207.07±58.931 a
T5=UV-B + NaCl	46.679±9.852 b	187.2±52.940a	214.4±49.690 a

D.E.= Desviación estándar. Letras diferentes en columnas indican diferencias significativas ($P<0.05$).

6.3.2. Contenido de minerales de plantas de *T. aestivum* obtenidas bajo el efecto de irradiada con UV-C, UV-B y salinidad.

El análisis de varianza aplicado a minerales disponibles en la planta de *T. aestivum*, la tabla XXI muestra la diferencia altamente significativa (P<0.01) entre tratamientos, para todos los elementos evaluados.

Tabla XXI.

Cuadrados medios (CM) y valores de F del análisis de varianza aplicado minerales en plantas de *T. aestivum* obtenidas de semillas tratadas con UV-C y UV-B en medio salino.

FV	Cuadrados medios y valores de F							
	Na (%)	$\mathbf{F_{cal}}$	**K (%)**	$\mathbf{F_{cal}}$	**Mg (%)**	$\mathbf{F_{cal}}$	**Ca (%)**	$\mathbf{F_{cal}}$
Trat	1261.06886	80.96**	1.871523	10.5**	1186.85	7.72**	1.486775	6.76**
Error	15.576464		0.1783082		153.7911		0.2199311	
C.	58.31761		30.98969		28.70661		55.82954	
Media	6.7676		1.3626		43.2		0.84	

Minerales: Sodio (Na), Potasio (K), Magnesio (Mg) y Calcio (Ca). Trat= tratamientos; Error= cuadrado medio del error; CV= coeficiente de variación; **= Altamente significativo (P<0.01); *= Significativo (P<0.05); NS= No significativo (P<0.05).

Al analizar los valores medios de minerales la tabla XXII nos muestra las medias de concentración de minerales absorbidos por las plantas de *T. aestivum* de semillas irradiadas con UV-C y UV-B con y sin sal (NaCl a 200 ppm).

En el caso de Na el T4 correspondientes a UV-C + NaCl fue el que presentó mayor concentración de este elemento con valores de 26.60%; seguido del T5 que presento un promedio de 4.90%, no así en los T1, T2 y T3 siendo estadísticamente iguales con medias de 0.63, 0.90 y 0.81% mostrando una clara diferencia entre los tratamientos que además de la radiación se le aplicó la sal.

Para K el T1 fue quien presentó el mayor porciento siendo éste de 2.05%, formándose un segundo grupo estadístico con los T2 con un 1.48%, T3 con un 1.17 %, T4 con un 0.91% y T5 con 1.21%.

Para Mg el Tl presentó la mayor concentración con un 60.30%; los demás tratamientos fueron estadísticamente iguales con menores concentraciones de este elemento con valores para el T2 un 44.80%; T3 un 42.0%; T4 un 30.90% y el T5 un 38.0%.

En el caso de Ca presentó la misma tendencia que el elemento anterior formando dos grupos donde el T1obtuvo la mayor concentración con un 1.47 % y los demás tratamientos fueron estadísticamente iguales teniendo valores promedio que van de 0.44 al 0.85 %.

Siendo una constante que los T4 yT5 son los de menor concentración de minerales, debido al efecto del doble estrés aplicado tanto a la semilla como a la planta.

Tabla XXII.

Valores promedio de las variables de minerales (%) en plantas de *T. aestivum* obtenidas de semillas tratadas con UV-C y UV-B en medio salino.

TRAT	**Na ± D.E.**	**K ± D.E**	**Mg ± D.E**	**Ca ± D.E**
T1=Testigo	0.63±0.23 b	2.05±0.51 a	60.30±11.80 a	1.47±0.42 a
T2=UV-C	0.90±0.18 b	1.48±0.28 b	44.80±5.63 ab	0.85±0.15 b
T3=UV-B	0.81±0.31 b	1.17±0.33 bc	42.00±5.72 b	0.68±0.14 b
T4=UV-C+ NaCl	26.60±8.68 a	0.91±0.11 bc	30.90±2.85 b	0.44±0.07 b
T5=UV-B + NaCl	4.90±1.52 b	1.21±0.66 bc	38.00±23.60 b	0.76±0.94 b

Minerales: Na= Sodio (%); K= Potasio (%); Mg= Magnesio (%); Ca= Calcio (%);
D.E.= Desviación estándar. Letras diferentes en columnas indican diferencias significativas (P<0.05).

6.3.3. Evaluación del área total del haz vascular y tamaño de vasos de xilema de plantas de *T. aestivum* bajo el efecto de irradiación UV-C, UV-B en medio salino.

Análisis de varianza aplicado en el área total del haz vascular (ATAV) y tamaño vasos de xilema. La tabla XXIII muestra la diferencia significativa entre tratamientos para el tamaño grande (TG) de vasos de xilema con (F= 2.75 P<0.01). En el área de vasos de xilema para los tamaños mediano (TM) y pequeño (TP) presentaron alta significancia con (F=7.95 y 5.48 P< 0.01) respectivamente, a su vez muestra la no significancia de la variable de área total de el haz vascular.

Tabla XXIII.

Cuadrados medios (CM) y valores de F del análisis de varianza aplicado a el área total del haz vascular y tamaño de vasos de xilema en plantas de *T. aestivum* obtenidas de semillas tratadas con UV-C y UV-B en medio salino.

FV	**Cuadrados medios y valores de F**							
	ATAV	$\mathbf{F_{cal}}$	**TG**	$\mathbf{F_{cal}}$	**TM**	$\mathbf{F_{cal}}$	**TP**	$\mathbf{F_{cal}}$
Trat	217469250	0.76NS	94806.77	2.75*	5866.7769	7.95**	2173.5033	5.48**
Error.	285053066		34429.723		738.3414		396.8283	
CV	69.14225		50.20172		16.0113		19.8907	
Media	24418.52		369.6138		169.707		100.1496	

Vasos Xilema: ATAV= Área Total del haz vascular (μm^2); TG= Tamaño Grande (μm^2); TM= Tamaño Mediano (μm^2) y TP= Tamaño Pequeño (μm^2). Trat=tratamientos; Error= cuadrado medio del error; CV= coeficiente de variación; **= Altamente significativo (P<0.01); *= Significativo (P<0.05); NS= No significativo (P<0.05).

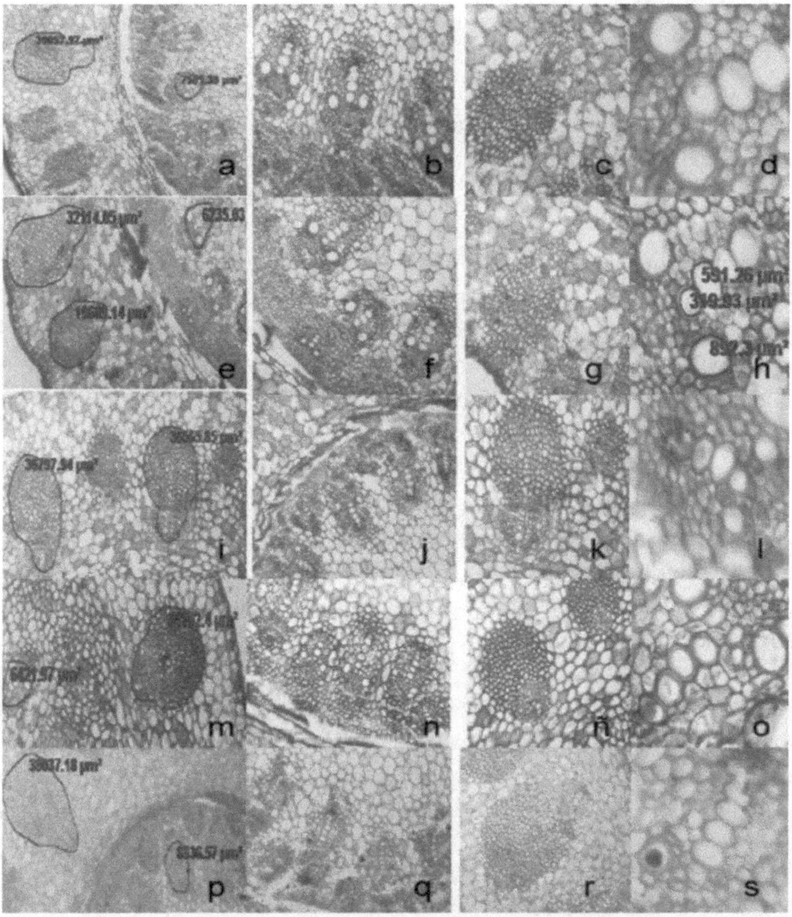

Figura 10. Cortes del tallo de plantas de *T. aestivum* mostrando del área total del haz vascular (µm²) y tamaño de vasos de xilema (µm²) tratadas con UV-C y UV-B y medio salino.T1= testigo a (2.5x), b, c (10x) y d (40x), T2=UV-C e (2.5x), f, g (10x) y h (40x), T3=UV-B i (2.5x), j, k (10x) y l (40x), T4=UV-C+NaCl m (2.5x), n, ñ (10x) y o (40x), T5=UV-B+NaCl p(2.5x), q ,r (10x) y s (40x).

Al analizar los valores medios del área total del haz vascular y tamaño de vasos del xilema presentados en la tabla XXIV donde se muestran los valores medios tanto del área total y los diferentes tamaños de vasos, además del efecto ocasionado por la sal aplicada (NaCl) mediante el riego a plantas en invernadero se observa lo siguiente: en el caso de ATAV los tratamientos fueron estadísticamente iguales con un tamaño promedio que varía de 28754 a 17617μm^2.

En el TG de vasos de xilema el T3 fue el que presentó el mayor promedio con 497μm^2 seguido de los tratamientos T1, T2 Y T5 con medias de 406, 387 y 320μm^2; siendo T4 el más afectados a consecuencia de la aplicación de la radiación UV-C en combinación del NaCl el cual ocasiona mayor presión osmótica impidiendo la absorción de agua y nutrientes; con un valor promedio de 237μm^2.

Para el TM se presentó la misma tendencia que el TG en el cual el T3 es el de mayor promedio de tamaño con un 200μm^2, seguido de los tratamientos T1, T2 y T5 con medias de 155, 161 y 190μm^2 y el T4 el más afectado a consecuencia de la aplicación de la radiación UV-C en combinación del NaCl con una media de 142μm^2.

Para el TP los T2 y T4 fueron los que presentaron el menor tamaño de vaso del xilema con unos promedios de 91 y 80μm^2 respectivamente; los tratamientos T1 y T3 fueron estadísticamente iguales con promedios de 107 y 105μm^2; por último el T5 fue quien presentó el mayor promedio con un 118μm^2.

Tabla XXIV.

Valores promedios de las variables de tamaño del haz vascular y tamaño de vasos de xilema en plantas de *T. aestivum* obtenidas de semillas tratadas con UV-C y UV-B en medio salino.

TRAT	ATAV ± D.E.	TG ± D.E	TM ± D.E	TP ± D.E
T1=Testigo	24721±15200 a	406±146 ab	155±18 bc	107±18 ab
T2=UV-C	17617±14391 a	387±166 ab	161±22 bc	91±10 bc
T3=UV-B	22377±14561 a	497±343 a	200±43 a	105±33 abc
T4=UV-C+ NaCl	28754±19171 a	237±54 b	142±20 c	80±14 c
T5=UV-B + NaCl	28623±20188 a	320±51 ab	190±26 ab	118±18 a

ATAV= Área total del haz vascular (μm^2); TG=Tamaño grande de vasos de xilema (μm^2); TM= Tamaño mediano de vasos de xilema (μm^2); TP= Tamaño pequeño de vasos de xilema (μm^2). D.E.= Desviación estándar. Letras diferentes en columnas indican diferencias significativas ($P<0.05$).

6.4. Pruebas en semillas de *H. annuus* en condiciones de invernadero

6.4.1. Producción de biomasa y potencial redox de plantas de *H. annuus* bajo el efecto de irradiada con UV-C, UV-B y salinidad.

La evaluación de la producción de biomasa en condiciones de invernadero se realizó al día 95 después de la siembra y el potencial redox que se evaluó al día 90 después de la siembra. En la tabla XXV se muestra la diferencia altamente significativa entre tratamientos con ($F=19.1$; $P<0.01$) para la variable de biomasa total; en su potencial redox que no presenta significancia para la variable de tallo y para la variable de peciolo presentó alta significancia con ($F= 2.43$ $P< 0.01$)

La variable de biomasa total presentó un promedio de 507.72g, en tanto que para el potencial redox se obtuvo un promedio para la variable de tallo de 31.59mV y en la variable de peciolo de 44.80mV.

Tabla XXV.

Cuadrados medios (CM) y valores de F del análisis de varianza aplicado a las variables de biomasa total y potencial redox en plantas de *H. annuus* obtenidas de semillas tratadas con UV-C y UV-B en medio salino.

FV	Cuadros medios y valores de F					
	BIOMASA		POTENCIAL REDOX			
	TOTAL	F_{cal}	TALLO	F_{cal}	PECIOLO	F_{cal}
Trat	245687.864	19.1**	4780.286	2.32NS	6531.741	2.43**
Error	12860.696		2058.375		2682.609	
CV	22.33609		143.5829		115.6063	
Media	507.721		31.598		44.802	

Trat=tratamientos; Error=cuadrado medio del error; CV=coeficiente de variación; **=Altamente significativo (P<0.01); *= Significativo (P<0.05); NS= No significativo (P<0.05).

Al analizar los valores medios de las características de biomasa y potencial redox la tabla XXVI nos muestra para la variable de biomasa que los T1, T2 y T3 fueron estadísticamente iguales los cuales obtuvieron mayor respuesta con unas medias de 617.01, 586.81 y 658.06g.

Los T4 y T5 correspondientes a semilla irradiada con UV-C y UV-B más la aplicación de NaCl en el riego presentaron una reducción en su peso, presentando unas medias de un 345.46g y 331.24g respectivamente, debido a la presión osmótica creada por las sales aplicadas en el riego la cual no le permite alcanzar su máximo potencial.

En el potencial redox para la variable de tallo no presentó diferencia significativa entre tratamientos sin importar el tipo de irradiación UV utilizada y su aplicación con NaCl, presentando medias que varían entre el rango de 50.83mV hasta 5.0mV. Al igual que para la variable espiga los tratamientos son estadísticamente iguales con un rango de medias de 70.19 a 13.6mV.

Tabla XXVI.

Valores promedio de medias para las variables de biomasa total (g) y potencial redox (mV) en plantas de *H. annuus* obtenidas de semillas tratadas con UV-C y UV-B en medio salino.

TRAT	Biomasa ± D.E.	Tallo ± D.E	Peciolo± D.E
T1=Testigo	617.015±109.130 a	5±44.378 a	13.6±42.242 a
T2=UV-C	586.815±70.776 a	50.83±-47.677 a	65.06±47.739 a
T3=UV-B	658.065±132.483 a	49.56±29.443 a	70.19±50.265 a
T4=UV-C+ NaCl	345.465±100.885 a	41.4±55.906 a	53.07±65.586 a
T5=UV-B + NaCl	331.245±140.197 a	11.2±45.354 a	22.09±50.216 a

D.E.= Desviación estándar. Letras diferentes en columnas indican diferencias significativas ($P<0.05$).

6.4.2. Contenido de minerales de plantas de girasol bajo el efecto de irradiación UV-C, UV-B en medio salino.

El análisis de varianza aplicado a minerales disponibles en la planta de *H. annuus*, la tabla XXVII muestra la diferencia altamente significativa entre tratamientos, para Na presenta alta significancia entre tratamientos (F= 29.56 P< 0.01); Ca presentan significancia en tratamientos (F=4.06 P< 0.01); para los elementos de K y Mg no presentan significancia.

Tabla XXVII.

Cuadrados medios (CM) y valores de F del análisis de varianza aplicado minerales en plantas de *H. annuus* obtenidas de semillas tratadas con UV-C y UV-B en medio salino.

FV	Cuadros medios y valores de F							
	Na(%)	**F_{cal}**	**K(%)**	**F_{cal}**	**Mg(%)**	**F_{cal}**	**Ca(%)**	**F_{cal}**
Trat	47.0391	29.56**	0.09808	2.3NS	56.68	0.32NS	0.76131	4.06*
Error	1.59131		0.042729		178.488		0.18758	
CV	66.6812		6.74115		11.8397		11.0178	
MEDIA	1.891		3.0664		112.84		3.931	

Minerales: Sodio (Na), Potasio (K), Magnesio (Mg) y Calcio (Ca). Trat=tratamientos; Error=cuadrado medio del error; CV=coeficiente de variación; **=Altamente significativo (P<0.01); *=Significativo (P<0.05); NS= No significativo (P>0.05)

Al analizar los valores medios de minerales la tabla XXVIII nos muestra las medias de concentración de minerales absorbidos por las plantas de girasol de semillas irradiadas con UV-C y UV-B con y sin sal (NaCl a 200 ppm).

En el caso de Na el T4 correspondientes a UV-C + NaCl fue el que presentó mayor concentración de este elemento con una media de 2.55%;

seguido del T5 que presentó un promedio de 3.20%; los T1, T2 y T3 son estadísticamente iguales con medias de 0.32, 0.47 y 0.36% mostrando una clara diferencia entre los tratamientos que además de la radiación se le aplico la sal.

Para K y Mg no se presentaron diferencia estadísticas entre los tratamientos teniendo como medias que varía de 3.19 a 2.95% para K y de 109 a 113% para Mg.

En el caso de Ca los T1, T4 y T5 obtuvieron las mayores concentraciones con 4.10, 4.22 y 4.01% y los T2 y T3 son estadísticamente iguales teniendo valores promedio de 3.54 y 3.76%.

Siendo una constante que los T4 yT5 son los de mayor concentración de minerales para esta especie.

Tabla XXVIII.

Valores promedio de las variables de minerales (%) en plantas de *H. annuus* obtenidas de semillas tratadas con UV-C y UV-B en medio salino.

TRAT	Na ± D.E.	K ± D.E	Mg ± D.E	Ca ± D.E
T1=Testigo	0.321±0.053 c	3.059±0.196 a	112.8±5.2873 a	4.108±0.381 a
T2=UV-C	0.474±0.340 c	2.996±0.191 a	109±8.3666 a	3.544±0.594 b
T3=UV-B	0.364±0.065 c	3.199±0.180 a	113±6.9442 a	3.763±0.434 ab
T4=UV-C+ NaCl	5.1±2.5582 a	3.126±0.276 a	114±3.6818 a	4.229±0.322 a
T5=UV-B + NaCl	3.2±1.1353 b	2.952±0.171 a	115.4±27.068 a	4.011±0.383 ab

Minerales: Na= Sodio (%); K= Potasio (%); Mg= Magnesio (%); Ca= Calcio (%);
D.E.= Desviación estándar. Letras diferentes en columnas indican diferencias significativas (P<0.05).

6.4.3. Evaluación del área total del haz vascular y tamaño de vasos de xilema de plantas de *H. annuus* obtenidas bajo el efecto de irradiación UV-C, UV-B en medio salino.

En el análisis de varianza aplicado en el área total del haz vascular (ATAV) y tamaño vasos de xilema, la tabla XXIX muestra diferencia significativa entre tratamientos para el área total del haz vascular (F= 6.52 P<0.01). En el área de vasos de xilema presentó significancia para el tamaños mediano (TM) (F=3.63 P<0.01); no presentando significancia para los TG y TP.

Tabla XXIX.

Cuadrados medios (CM) y valores de F del análisis de varianza aplicado a el área total del haz vascular y tamaño de vasos de xilema en plantas de *H. annuus* obtenidas de semillas tratadas con UV-C y UV-B en medio salino.

FV	**Cuadros medios y valores de F**							
	ATAV	**F_{cal}**	**TG**	**F_{cal}**	**TM**	**F_{cal}**	**TC**	**F_{cal}**
Trat	377081782	6.52**	5980692.8	1.44NS	205974.82	3.63*	14528.450	0.94NS
Error	57851501		4138943.5		56771.50		15440.398	
CV	51.9827		139.626		36.932		39.3200	
Media	46269.82		1457.056		645.148		316.0206	

Vasos Xilema: ATAV= Área Total del haz vascular (μm^2); TG= Tamaño Grande (μm^2), TM= Tamaño Mediano (μm^2) y TP= Tamaño Pequeño (μm^2). Trat=tratamientos; Error=cuadrado medio del error; CV=coeficiente de variación; **=Altamente significativo (P<0.01); *=Significativo (P<0.05); NS=No significativo (P<0.05).

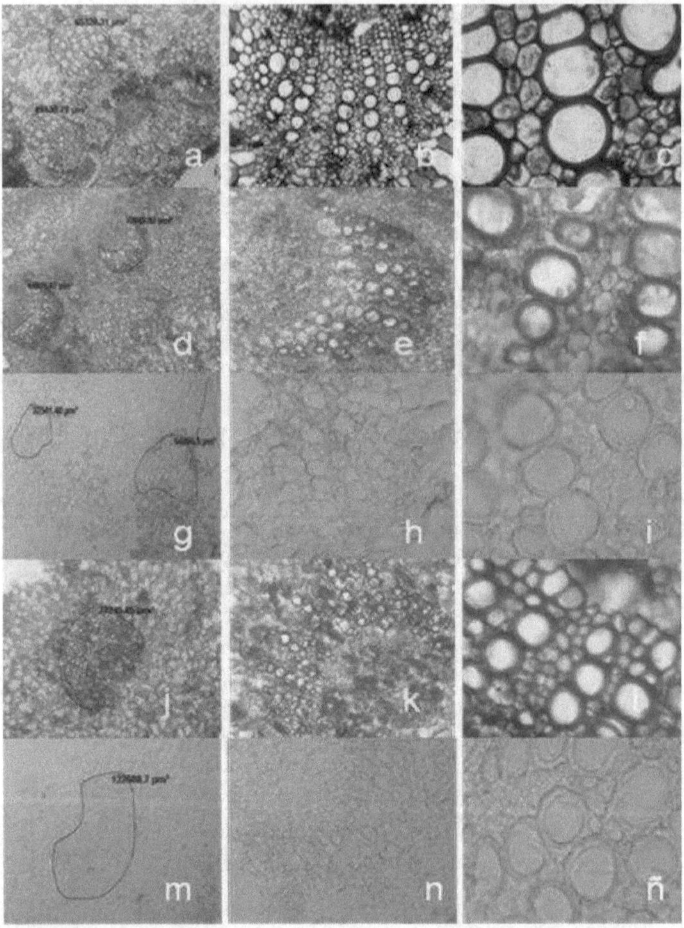

Figura 11. Cortes del tallo de plantas de *H. annuus* mostrando del área total del haz vascular (μm²) y tamaño de vasos de xilema (μm²) tratadas con UV-C y UV-B y medio salino.T1= testigo a (2.5x), b (10x) y c (40x), T2=UV-C d (2.5x), e (10x) y f (40x), T3=UV-B g (2.5x), h (10x) y i (40x), T4=UV-C+NaCl j (2.5x), k (10x) y l (40x), T5=UV-B+NaCl m(2.5x), n (10x) y ñ (40x).

Al analizar los valores medios del área total del haz vascular y tamaño de vasos presentes en la tabla XXX donde se muestran los valores medios tanto del área total y los diferentes tamaños de vasos, además del efecto ocasionado por la sal aplicada (NaCl) mediante el riego a plantas en invernadero, se observa lo siguiente: en el caso de ATAV los T1 y T5 son estadísticamente iguales con medias de 67925.12 y 64749.0μm^2; seguidos por los T2 y T3 con medias de 36636.74 y 39383.64μm^2 siendo el T4 el de menor área total con 22654.59μm^2

En el TG de vasos de xilema no se presentan diferencias estadísticas teniendo medias que varía de 2282.57 a 635.23μm^2.

Para el TM los T2 y T3 obtuvieron las mayores medias de tamaño con un 766.67μm^2 para ambos, seguido de los tratamientos T1 y T5 con medias de 644.14 y 632.65μm^2 y el T4 fue el más afectado a consecuencia tanto de la aplicación de la radiación UV-C en combinación del NaCl con una media de 415.59μm^2.

Para el TP no se presentan diferencias estadísticas teniendo medias que varía de 364.18 a 261.53μm^2.

Tabla XXX.

Valores promedio de las variables de tamaño del haz vascular y tamaño de vasos de xilema en plantas de *H. annuus* obtenidas de semillas tratadas con UV-C y UV-B en medio salino.

TRAT	ATAV ± D.E.	TG ± D.E	TM ± D.E	TP ± D.E
T1=Testigo	67925.12±13520.34 a	1113.71±342.54 a	644.14±157.32 ab	364.18±81.83 a
T2=UV-C	36636.74±12150.54 bc	2282.57±3196.77 a	766.67±299.40 a	308.91±156.71 a
T3=UV-B	39383.64±29285.02 abc	2282.57±3196.77 a	766.67±299.40 a	308.91±156.71 a
T4=UV-C+ NaCl	22654.59±20406.25 c	635.237±92.08 a	415.59±50.62 b	261.53±30.02 a
T5=UV-B + NaCl	64749±35890.29 ab	971.192±360.88 a	632.65±277.94 ab	336.55±143.11 a

ATAV= Área total del haz vascular (μm^2); TG=Tamaño grande de vasos de xilema (μm^2); TM= Tamaño mediano de vasos de xilema (μm^2); TP= Tamaño pequeño de vasos de xilema (μm^2). D.E.= Desviación estándar. Letras diferentes en columnas indican diferencias significativas ($P<0.05$).

7. DISCUSIÓN

7.1. Efecto de la radiación UV-C, UV-B sobre las plántulas de *G. max, T. aestivum, H. annuus y P. maximartinezii.*

La evaluación del potencial fisiológico en semillas es fundamental en un programa de control de calidad, constituye una referencia para prácticas de manejo destinadas a garantizar un desempeño satisfactorio de las semillas. Las pruebas de germinación en laboratorio sobreestiman el potencial fisiológico de semillas, por lo tanto, es cada vez mayor la necesidad de mejorar las pruebas destinadas a la evaluación de vigor, principalmente lo que se refiere a la obtención de información consistente y en un período relativamente corto **(Torres, 2002).** El vigor de las semillas depende de un conjunto de características que determina el potencial para una emergencia rápida y uniforme de plantas normales **(AOSA, 1983).**

Otra prueba es la de envejecimiento acelerado la cual evalúa el vigor de las semillas, siendo capaz de proporcionar información con un alto grado de consistencia **(Tekrony, 1995).** Su principio es una aceleración artificial de la tasa de deterioro de semillas a través de la exposición a niveles elevados de temperatura y humedad relativa, considerando estos factores ambientales preponderantes en la intensidad y velocidad de la deterioración **(Filho, 1999).** Dados los antecedentes mencionados para la lectura de cada prueba se procede a la descripción de sus datos.

7.1.1. Prueba de Germinación Estándar (PGE) con semilla irradiada con UV-C.

Las semillas de *G. max* y *T. aestivum* mostraron comportamientos semejantes al efecto de la radiación, sin embargo, las semillas de *P. maximartinezii* y *H. annuus* manifestaron un comportamiento fisiológicamente diferente, donde el *H. annuus* presentó mayor sensibilidad a la radiación. Estas diferencias podrían deberse a la diferencia en la testa de la semilla dado que la de *G. max* y *T. aestivum* son de color claro y delgadas a comparación de la del

H. annuus y el *P. maximartinezii*; esto concuerda con lo obtenido por **Rivera *et al.*, (2007),** quienes mencionan que la susceptibilidad del tejido vegetal a la irradiación difiere significativamente entre variedades, estados fisiológicos, composición y grosor de la epidermis de la estructura vegetal. Los resultados encontrados están en concordancia con los de **Sarghein *et al.*, (2011)** quienes señalan que los efectos de la radiación UV varían, entre especies y cultivares, mostrando reducciones en el crecimiento de la planta (altura, peso seco, superficie foliar, etc), la actividad fotosintética y floración. Se encontró que las semillas de *T. aestivum* y *H. annuus* muestran buena tolerancia a alta irradiancia tal como fue señalado anteriormente por **Aguirrezabal *et al.*, (1996) y Tapia *et al.*, (2002).**

Por otra parte se encontro que las semillas de *G. max* y *T. aestivum* presentaron sensibilidad a la radiación UV-C, el aumento es gradual conforme se aumenta la dosis de radiación. Al tomar como dosis óptima de 43.20KJ/m^2 del T3 para estas especies; la LMP-LMR en la *G. max* disminuyó de forma inversamente proporcional a la cantidad de UV-C aplicada, manifestando ésta 49.78cm como media. Lo anterior concuerda con lo manifestado por **Mageroy *et al.*, (2010)** quienes señalan que la radiación UV-C induce una rápida disminución de la tasa de crecimiento de plántulas. Los resultados del PS fueron iguales para todos los tratamientos; lo que es similar a lo descrito por **Cote Daza (2011)** que menciona que resultado de la exposición a radiación UV dando lugar a la formación de radicales libres que provocan alteraciones funcionales a nivel celular. Este efecto, sin embargo, dependerá de la intensidad de la irradiación, de las especies y variedades vegetales.

Se sabe que las plantas de *T. aestivum* muestran tolerancia a la alta irradiancia y esto se manifiesta en las semillas (**Aguirrezabal *et al.*, 1996; Tapia *et al.*, 2002).** Lo anterior pudiera relacionarse con lo reportado por **Kanash y Savin, (1991)** que mencionan que la planta de trigo muestra tolerancia a la radiación UV-C manteniendo su productividad con aplicaciones durante 7 horas a dosis de 100-250 kJ/m^2.

El *H. annuus* fue una de las especie más afectada por la radiación, corroborando lo descrito por **Torres *et al.*, (1991)** quienes mencionan que el porcentaje de PN en *H. annuus* se redujo cuando la exposición a la irradiación UV-C aumentó de 5 a 60 min. En acuerdo con **Otero *et al.*, (2006)** y **Cerero,**

(2010), nuestros resultados mostraron que la radiación UV provoca depresión crónica de los principales procesos fisiológicos y estrés agudo fisiológico que conduce a reducción del crecimiento y división celular, esto se debe a que el girasol tiene un pericarpio compuesto por epidermis, hipodermis y capa de fitomelanina dándole su color oscuro. De acuerdo con **Kacharava *et al.*, (2009)** quienes mencionan que los radicales libres producidos por la radiación UV-C en semilla cambia la permeabilidad de la membrana celular y su potencial eléctrico.

El *P. maximartinezii* fue la especie más afectada por la radiación UV-C disminuyendo a un 50% su vigor y poder germinativo a un 72% mostrando un alto grado de deterioro de la semilla. **Reglinski *et al.*, (2012)** parece a ver publicado el primer informe que demuestra el uso de la radiación UV-C para inducir resistencia a la infección fúngica en una especie de coníferas *(Pinus radiata)*.

7.1.2. Prueba de Envejecimiento Acelerado (PEA) con semilla irradiada con UV-C.

Los resultados obtenidos en esta prueba mostraron la misma tendencia que la prueba de germinación estándar siendo la *G. max* y el *T. aestivum* estadísticamente iguales, no así el *H. annuus* y el *P. maximartinezii* quienes mostraron mayor sensibilidad a la combinación de la radiación UV-C y al estrés de la prueba (alta humedad y altas temperaturas) debido a su gran contenido de lípidos y proteínas. Concerniente a esto **Beena *et al.*, (2010)** mencionan que a altas temperaturas (70°C) se producen cambios en el metabolismo de la semilla de *G. max* específicamente en las bandas de proteínas ya que la respuesta a la tensión de calor varía en la semilla de guisantes y *G. max*, ya que las semillas de guisante son ricas en almidón y proteínas, pero las semillas de *G. max* contienen proteínas y son ricas en lípidos. **Kacharava *et al.*, (2009); Baud *et al.*, (2010); Seow *et al.*, (2012)** indican que la capacidad antioxidante en las plantas es influenciada por los cultivares, madurez y otros factores ambientales como la exposición a la luz solar. Estos resultados concuerdan con lo descrito por **Rai *et al.*, (2011)** quienes mencionan que al tratar a *Artemisia annua* (ajenjo) con radiación artificial de UV-B y UV-C no sólo altera las respuestas de crecimiento, biomasa, contenido de pigmentos y la actividad de enzimas antioxidantes, también mejora el contenido de los metabolitos secundarios (artemisinina y flavonoides) en comparación a las plantas no irradiadas.

En la *G. max* fue en el T3 (D. máxima = 43.2 KJ/m^2) donde mostró las mejores respuestas siendo estas iguales o menores que el testigo. Esto es congruente con lo mencionado por **Minuzzi (2007)**, al indicar que el contenido de aceites y proteínas de las semillas de *G. max* son altamente influenciados por efectos genéticos y ambientales. La influencia de la temperatura en la proporción de ácidos grasos insaturados es débil en semillas de cártamo, moderado en la *G. max* y alto contenido de *H. annuus* (**Baud y Lepiniec, 2010**). Los resultados sugieren que la inhibición causada por la radiación UV-C puede revertirse parcialmente durante el almacenamiento oscuro de las semillas; el alcance de esta recuperación varía con el tratamiento de semillas **(Torres et al., 1991)**. Esto a su vez concuerda con lo señalado por **Salinas *et al.*, (2001)** quienes mencionan que el vigor de las semillas se basa en el comportamiento físico o fisiológico, incluyéndose: cambios de procesos bioquímicos, la tasa y uniformidad de germinación, crecimiento de las plántulas y el vigor de las semillas al ser expuestas a condiciones de estrés.

En el caso de *T. aestivum*, los valores promedios de vigor y germinación por tratamientos están dentro del límite aceptado para ser considerada como semilla de buena calidad. Estos resultados están en concordancia con los obtenidos por **Belgin *et al.*, (2011)** quienes indican que la radiación UV-C induce estrés biológico en plantas, así como mecanismos de defensa de los tejidos vegetales con la consecuente producción de fitoalexinas. Los resultados en el parámetro de PN pudo ser reflejo de modificaciones en la composición mineral, en el contenido de almidones y de metabolitos específicos como los flavonoides, que se sabe son inducidas por radiación UV-C. Lo cual concuerda con lo dicho por **Chimphango *et al.*, (2007). Donald, (1975)** menciona que radiaciones menores 275nm en plantas por 72h no tuvieron efecto, pero al aumentar el tiempo de irradiancia de 3 y 6 días hubo cambios visibles en brotes y raíces, donde el *T. aestivum* muestra tolerancia a la radiación presentando un ligero aumento en raíces; también menciona que radiaciones de 240-300nm dañan el metabolismo de ácido nucléico y causa la desnaturalización de las proteínas e inhibe el crecimiento inducido por auxinas. **Li XM *et al.*, (2007)** sugiere que el trigo tiene una resistencia más fuerte a la radiación UV-C, pero, con la prolongada duración de ésta, las actividades enzimáticas, fotosíntesis y antioxidante de *T. aestivum* y guisante fueron disminuyendo. De acuerdo con **Jansen, (2001)** quien se encontró que el aumento de la actividad de la peroxidasa aniónico se correlaciona con un aumento de la tolerancia a la radiación UV en lentejas, así como disminución de los niveles de auxina libre. Llego a la conclusión de que las peroxidasas de fenol-oxidantes contribuyen a un tiempo a la protección UV, así como el control de la hoja y la arquitectura de la planta.

Al evaluar la semilla de *H. annuus* se encontró una alta sensibilidad debido a la concentración de lípidos en la semilla lo cual facilitaría la oxidación y deterioro de la membrana plasmática, por lo tanto la respuesta de las variables evaluadas son muy bajas debido al estrés ocasionado por la prueba de envejecimiento. En relación a las variables evaluadas se obtuvieron las mejores respuestas con aplicación de UV-C bajo el T3 ($8.64KJ/m^2$). La reducción de crecimiento en las plántulas de *H. annuus*, es mediada a través de la expansión del hipocotilo y radícula, consecuencia de los efectos de la radiación aplicada; del mismo modo **Wu *et al.*, (2010)** mencionan que la reducción de biomasa, contenido de clorofila, la tasa de fotosíntesis neta y de transpiración, conductividad estomática y finalmente, el rendimiento de semillas se redujo significativamente en 24,96% con una mayor radiación.

El *P. maximartinezii* fue la especie que presentó mayor sensibilidad a la UV-C y por lo tanto la respuesta de las variables evaluadas son muy bajas debido al estrés ocasionado por la prueba de envejecimiento debido a la constitución de la semilla lo cual facilitaría el deterioro de ésta, asimismo **Mpoloka, (2008)** señala que la radiación UV es responsable de las alteraciones en plantas incluyendo daños en el ADN, que causan mutaciones hereditarias afectando procesos fisiológicos y a altos niveles de radiación de UV presenta lesiones, pudiendo afectar adversamente el crecimiento, desarrollo y la morfología, especialmente la productividad de las especies de cultivos sensibles.

Comparando ambas pruebas, la disminución entre los testigos de las especies evaluadas de una prueba a otra se debió al efecto de alta humedad y alta temperatura a la que se sometió la semilla irradiada con UV-C. La PEA está diseñada para mostrar la capacidad de la semilla para desarrollarse en campo bajo condiciones adversas. Por su parte **Salinas *et al.*, (2001)** señalan que en experimentos realizados en semilla de melón y sandía, mostraron que la aplicación de radiación UV en esta prueba de vigor fue el método que presentó mayor sensibilidad para evaluar el potencial fisiológico de las semillas y a su vez para clasificar los lotes de semillas según su vigor y potencial de siembra. El efecto ocasionado por temperaturas y humedad relativa contribuyen en gran medida al deterioro de la semilla propiciando la oxidación de lípidos, desdoblamiento de proteínas y enzimas **(Salinas *et al.*, 2001)**. Es evidente que la radiación UV-C provoca el estrés oxidativo en las plantas, por su parte **Nasibi *et al.*, (2005)** mencionan que los lípidos insaturados pueden ser fotoquímicamente modificados por la radiación UV y el daño oxidativo puede ser detectado por peroxidación de lípidos. Por su parte **Cechin *et al.*, (2007)** mencionan que la reducción en la tasa fotosintética puede ser una consecuencia de daños a diversos mecanismos moleculares. Esto es congruente con lo manifestado por **Kacharava *et al.*, (2009)** y **Sarghein *et al.*, (2011)** quienes mencionan que la radiación UV por encima de los niveles ambientales puede inhibir crecimiento de las plantas, desarrollo, reproducción y fotosíntesis, modifica la tasa de crecimiento de las plantas y el tipo funcional.

7.1.3. Prueba de Germinación Estándar (PGE) con semilla irradiada con UV-B.

Los resultados obtenidos en esta prueba mostraron diferencias significativas entre las especies, donde la *G. max* y *T. aestivum* mostraron comportamientos semejantes al efecto de la radiación, sin embargo, el *P. maximartinezii* y *H. annuus* manifestaron un comportamiento fisiológicamente diferente, donde el *H. annuus* presentó mayor sensibilidad a la radiación UV-B. Estas diferencias podrían deberse a la diferencia en la testa de la semilla y su grosor dado que la de *G. max* y *T. aestivum* son de color claro y delgadas a comparación de la del *H. annuus* y el *P. maximartinezii* las cuales son gruesas y obscuras.

Se ha documentado que las plantas responden diferencialmente a la tasa de fluencia de UV, así como la longitud de onda (**Frohnmeyer *et al.*, 2003**). Las dosis más bajas de la radiación UV-B estimulan la fotomorfogénesis en las plantas decaídas mientras que la dosis más alta de la radiación UV-B o UV-C, resultan en daño celular (**Nawkar *et al.*, 2013**). Numerosas investigaciones han reportado efectos de esta radiación sobre plantas, a nivel molecular, fotosíntesis, área foliar, producción y distribución de biomasa y mencionan al trigo como una especie tolerante a la radiación UV-B (**Tapia *et al*,. 2002; Ballare, 1996**) El agotamiento de la capa de ozono produce efectos adversos serios sobre la agricultura y daña los bosques. El aumento de la radiación UV-B también reduce la calidad de ciertos tipos de tomates, papas, remolachas dulces y *G. max*. Las pruebas han mostrado que las semillas de las coníferas también se ven afectadas adversamente. **(SISSAO, 2010).**

La semilla de *G. max* y *T. aestivum* presenteron mínima sensibilidad a la radiación UV-B la cual aumenta conforme aumenta la dosis de radiación aplicada, debido a esto se tomó como dosis óptima al T2 correspondiente dosis mínima 5.4KJ/m^2 y 1.35KJ/m^2 respectivamente para estas especies. La LMP-LMR en la soya disminuyó de forma directamente proporcional a la cantidad de UV-B aplicada, manifestando ésta 8.03 cm como media; esto concuerda con lo manifestado por **Shinklea *et al.*, (2004)** quienes mencionan que la respuesta a la longitud de onda corta UV-B (280 y 300nm) fue persistente durante al menos 24h donde indujo la inhibición de la elongación del hipocotilo y curvatura fototropismo positivo, tanto en pepino como en semillas de Arabidopsis, mientras que en la respuesta a longitud de onda larga UV-B (290nm) la inhibición de la elongación duró sólo 2-3h, a su vez **Nawkar *et al.*, (2013)** mencionan que de los resultados de estos experimentos se resume en que la radiación UV-B tiene muy pequeño efecto inhibidor (<20%) sobre el crecimiento del hipocótilo y la planta, lo cual concuerda con **Mazza et al., (2000)**, quienes han detectado en varias especies respuestas a los niveles actuales de la energía solar UV-B como las reducciones en la expansión de la superficie de la hoja y la tasa de acumulación de biomasa y a la vez, la reducción del crecimiento puede ser el resultado de daño fotoquímico directo a macromoléculas esenciales como las proteínas y los ácidos nucleicos, o como una consecuencia indirecta del aumento de la producción de especies reactivas del oxígeno en las plantas expuestas a la radiación UV-B.

Selezneva, (2008) menciona que las perturbaciones en el ámbito de la reproducción apareció como la reducción en el tamaño de los granos en desarrollo. Los datos obtenidos sugieren que los efectos a largo plazo de la radiación UV-B irradiada son posibles no sólo en la primera, sino también en la segunda generación de plantas afectadas, concordando con lo descrito por **Lizana *et al.*, (2009)** quienes concluye que el aumento de la radiación UV -B afecta el rendimiento de grano y la biomasa aérea de trigo en función de la etapa de desarrollo y al calendario del aumento de UV-B.

El *H. annuus* fue la especie más afectada por la radiación en comparación a las otras tres especies evaluadas, no presentó diferencia estadistica entre tratamientos teniendo respuestas menores que el testigo. **Nawkar *et al.*, (2013)** señalan que al revisar los fotoreceptores específicos de luz UV-B se explicó como a baja fluencia induce respuesta protectora y a alta intensidad de UV induce estrés de la planta siendo la respuesta a tal tensión independiente del fotorreceptor, las plantas irradiadas con UV pueden activar la vía de la muerte celular, tensiones bióticas, tal como la inducida por patógeno y estreses abióticos, tal como el estrés por calor y la alta radiación UV.

El *P. maximartinezii* presentó mínima sensibilidad a la radiación UV-B la cual aumenta al aumentar la dosis de radiación aplicada, debido a esto se tomó como dosis óptima 0.63 KJ/m^2 correspondiente al T2. La LMP, LMR y PS disminuyeron de forma directamente proporcional a la cantidad de UV-B aplicada. **Jansen *et al.*, (2002)** menciona que en las plantas, la UV-B interfiere en el crecimiento, el desarrollo, la fotosíntesis, la floración, la polinización, y la transpiración, las señales moleculares de fotomodificación impulsadas por UV y reacciones de fotosensibilización incluyen nucleótidos, aminoácidos, lípidos, y pigmentos. **Turtola *et al.*, (2006)** menciona que pequeño aumento de la radiación UV-B no tiene efectos significativos sobre los compuestos secundarios y el crecimiento del pino silvestre lo cual corrobora los datos obtenidos en este estudio.

7.1.4. Prueba de Envejecimiento Acelerado (PEA) con semilla irradiada con UV-B.

Los resultados obtenidos en esta prueba mostraron diferencias significativas entre las especies, siendo el *H. annuus* y *P. maximartinezii* los que presentaron mayor sensibilidad al efecto de la radiación, sin embargo, la *G. max* y el *T. aestivu* manifestaron un comportamiento fisiológicamente diferente, Estas diferencias podrían deberse a la diferencia entre los contenidos de aceites, proteínas y otros compuestos en las estructuras de la semilla.

En *G. max* el T2 (D. mínima=5.4KJ/m^2) presentó las mejores respuestas siendo éstas iguales o menores que el testigo; al igual que con UV-C la sensibilidad de la *G. max* se debe a la concentración de lípidos. La UV-B induce una amplia variedad de respuestas en las plantas, incluidas las modificaciones en el alargamiento del tallo y la morfología de las hojas. (**Boccalandro *et al.*, 2001**) coincidiendo con **Nawkar *et al.*, (2013)** señalan en diferentes estudios que han demostrado que la radiación UV-B sugiere diversas respuestas fenotípicas, Como lo mencionado por **Izquierdo *et al.*, (2009)** donde la radiación solar interceptada durante el llenado del grano afecta los cultivos de cereales (*G. max* y *H. annuus*) esto se modificó por el sombreado (50-80%), donde el porcentaje de ácido olecico aumento a medida que la radiación solar interceptada (ISR) por la planta aumenta en *G. max* y maíz, el aumento de la temperatura media diaria aumenta el % de ácido oleico. Los cambios en la composición de ácidos grasos debido a tratamientos de radiación eran tan grandes como las variaciones producidas por los cambios de temperatura en soya, maíz, pero no en girasol.

El *T. aestivu* estadísticamente no presenta diferencia entre sus tratamientos, los promedios obtenidos están por encima del límite aceptado para ser considerada semilla de buena calidad y las pequeñas disminuciones se debieron a la mayormente a la reducción de la biomasa y número de grano, estos son los rasgos que más se relacionan con la pérdida del rendimiento debido a un aumento de radiación UV-B en las etapas tempranas del desarrollo de acuerdo con **Lizana *et al.*, (2009).** Los resultados en el parámetro de PN pudo ser reflejo de modificaciones en la composición mineral, en el contenido de almidones y de metabolitos específicos como los flavonoides, que se sabe son inducidas por radiación UV-C (**Chimphango *et al.*, 2007).** Las proteínas y los lípidos son blancos directos de la radiación UV–B. Dado que las proteínas absorben fuertemente ~ 280nm o longitudes de onda más altas, la radiación UV-B pueden afectar a los aminoácidos aromáticos tales como tirosina, fenilalanina, y triptófano **(Nawkar *et al.*, 2013).**

Al evaluar la semilla de *H. annuus* y *P. maximartinezii* estas especies presentaron alta sensibilidad debido a la concentración de lípidos en la semilla lo cual facilitaría la oxidación y deterioro de la membrana plasmática, por lo tanto la respuesta de las variables evaluadas son muy bajas debido al estrés ocasionado por la prueba de envejecimiento estando en el límite de germinación permitido por la ISTA (1999) para ser considerada una semilla de alta calidad, contrario a lo ocurrido en la radiación UV-C. Concordando con lo descrito por **Nawkar *et al.*, (2013)** quienes al revisar los fotoreceptores específicos de luz UV-B explican cómo a baja fluencia induce respuesta protectora y a alta intensidad UV induce estrés de la planta. En las variables evaluadas se obtuvieron las mejores respuestas con aplicación de UV-B bajo el T2 (1.35KJ/m^2) para *H. annuus* y (0.63KJ/m^2) para *P. maximartinezii*. En esta especie la reducción de crecimiento fue medida a través de la expansión del hipocotilo y radícula, consecuencia de los efectos de la radiación aplicada, esto concuerda con lo citado por **Cechin *et al.*, (2007)** quienes confirman que la radiación UV-B afecta la tasa y la duración de la división celular y elongación. A su vez **Rai *et al.*, (2011)** mencionan que con radiación artificial de UV-B y UV-C no sólo se alteran las respuestas de crecimiento, biomasa, contenido de pigmentos y la actividad de enzimas antioxidantes, sino también mejora el contenido de los metabolitos secundarios.

7.2. Plantas tratadas con radiación UV-C, UV-B y la salinidad (NaCl), bajo condiciones de invernadero.

Los resultados obtenidos de los parámetros evaluados en invernadero mostraron diferencias significativas entre los tratamientos y entre las tres especies evaluadas y la interacción entre especies y tratamientos.

7.2.1. Efectos de la radiación UV-C, UV-B y la salinidad en la biomasa total en plantas de *G. max, T. aestivu* y, *H. annuus*.

Las dosis aplicadas de radiación UV-C y UV-B en las semillas de *G. max, T. aestivum, H. annuus*, mostraron diferencia en su biomasa total en las plantas de semillas irradiadas por encima del testigo en el caso de la *G. max*; caso contrario en *T. aestivu* donde los resultados fueron menores y en girasol fueron iguales al testigo, no así las plantas tratadas con radiación UV-C y UV-B más sal (NaCl) donde el peso se disminuyó hasta un 50% en comparación al testigo siendo éste un efecto de la salinidad elevada la cual afecta el crecimiento de las plantas y modifica sus características morfológicas y anatómicas (**Ramos *et al.*, 2004**), debido a la presión osmótica creada por las sales aplicadas en el riego la cual no le permite alcanzar su máximo potencial. Además **Wang *et al.*, (2003)** mencionan que la radiación promueve cambios celulares los cuales pueden ser benéficos para la modificación estructural y adaptabilidad de la semillas a los factores de estrés abiótico, como el calor, el frío, la sequía, la salinidad y el estrés de nutrientes que tienen un gran impacto en la agricultura mundial. En girasol el T3 (que contiene UV-B) presentó mayor biomasa total siendo esto corroborado con lo mencionado por **Lenore *et al.*, (2006)** quienes informaron que la radiación UV-B causa un aumento de pesos seco de las plantas dicotiledóneas.

De acuerdo con **González *et al.*, (2009)** quienes mencionan que la reducción de la acumulación de biomasa en *quinua* es un indicador de la sensibilidad de las plantas a la radiación UV-B, al igual que las características morfológicas al influir en la cantidad de radiación interceptada ya que representan los efectos acumulativos de daño o inhibe las funciones fisiológicas. **Baroniya *et al.*, (2013)** mencionan que los niveles ambientales de la radiación UV-B y UV-A son capaces de generar ROS (especies de oxigeno activo) e infligir daño oxidativo en los procesos vitales en ocho variedades de soya retardando el crecimiento, el desarrollo y el rendimiento. **Zu *et al.*, (2010)** mencionan que *Taxus chinensis* var. Mairei (Tejo chino) puede activar varios mecanismos de defensa contra el daño oxidativo causado por el estrés suplementario con UV-B además de la acumulación de flavonoides.

7.2.2. Efectos de la radiación UV-C, UV-B y la salinidad en el potencial redox en plantas de *G. max, T. aestivum* y *H. annuus.*

En tanto en potencial redox (antioxidante) no presentó diferencia estadística para la variable de tallo para las tres especies, no así en la variable de peciolo en *G. max* y *H. annuus*, además de presentar valores negativos lo que es ocasionado al aumentar la concentración de sales en la solución del suelo; además disminuyen los potenciales osmótico e hídrico del sustrato, lo cual presenta serias limitaciones a las raíces de guayabo para la toma de agua, por tanto, las plantas deben mantener un potencial hídrico menor que el del medio externo para asegurar la absorción de agua (**Casierra *et al.*, 2006;)** sobre esto **Baroniya *et al.*, (2013**) mencionan que para evitar el daño oxidativo, las plantas han desarrollado diversos mecanismos de protección para contrarrestar los efectos de las especies de oxígeno activo en su compartimento celular; no así para la variable de peciolo donde los tratamientos T2 yT3 mostraron valores más altos que los tratamientos T4 y T5 que contienen sales pero solo en los extractos de peciolo, **Benavides, (1999)** menciona que a valores bajos de redox indican mayor energía libre en el sistema y que los niveles redox registrados en una solución son dependientes de la composición química, de la actividad y concentraciones de los solutos y del pH de la solución. **Goncharuk *et al.*, (2010)** mencionan que los valores de potencia redox: situación de oxidación (ORP> 100-300mV) elementos con altos grados de valencia (Fe^{3+}, Mo^{6+}, Cu^{2+}); situación de oxidación-reducción (ORP en el intervalo de 0-100mV) y situación de reducción (ORP < 0mV) metales con bajos grados de valencia (Fe^{2+}, Mo^{4+}, Mn^{2+}) y sulfuro de hidrógeno están presentes.

7.2.3. Efectos de la radiación UV-C, UV-B y la salinidad en el contenido de minerales en plantas de *G. max, T. aestivum y H. annuus*.

En el contenido de minerales presenta diferencias entre tratamientos donde los tratamientos con UV-C con y sin sal (T2 y T4) mostraron menor concentración de minerales en comparación a los demás tratamiento incluyendo el T1 en las tres especies; no así en la soya donde el T3 fue el que presentó mayor contenido de minerales caso contrario para el tratamiento T5. Sin embargo, dependiendo de la velocidad de flujo, intensidad de la irradiación, la duración y la interacción con otros estreses bióticos y factores abióticos del medio ambiente (los niveles de minerales en frío, la sequía) se informó que la radiación UV-B provoca impactos a varios niveles, incluyendo síntomas visual es (la promoción de la clorosis y la necrosis del tejido), estructura de hoja y la anatomía (cambios en el espesor de la epidermis y capas empalizada mesófilo), pigmentos fotosintéticos, fotosíntesis, transpiración, la expansión de las hojas, crecimiento, desarrollo y rendimiento, proteínas perjudiciales, DNA y reducción de la estabilidad del genoma (**Lidon *et al.*, 2011**). En el trigo siendo una constante donde los T4 y T5 fueron los de menor concentración de minerales, debido al efecto del doble estrés aplicado tanto a la semilla como a la planta. Factores de estrés abiótico, como el calor, el frío, la sequía la salinidad y el estrés de nutrientes tienen un gran impacto en la agricultura mundial, y se ha sugerido que se reducen los rendimientos medios de > 50% para la mayoria de las plantas; a su vez cada estrés provoca una respuesta celular y molecular compleja implementado por la planta con el fin de prevenir daño y asegurar la supervivencia, pero a menudo en detrimento de los crecimiento y rendimiento **(Greco *et al.*, 2012)**. Al analizar los valores medias en las plantas de girasol mostraron que los T4 yT5 fueron los de mayor concentración de minerales para esta especie. Por otro lado **(Casierra *et al.*, 2006)**, mencionan que los efectos osmóticos sobre vegetales están relacionados con la concentración total de sales presentes en la solución del suelo, independientemente de la especie cultivada. Por su parte (**Goykovic *et al.*, 2007)** mencionan que los efectos de las sales en las primeras etapas del desarrollo de plantas, son adversos a medida que aumenta la concentración de sales se ve disminuido el por ciento de germinación y prolongado el periodo de este proceso, alterando en raíces la absorción de agua y produciendo efectos tóxicos.

7.2.4. Efectos de la radiación UV-C, UV-B y la salinidad en el área total del haz vascular y tamaño de vasos de xilema de plantas de *G. max, T. aestivum y H. annuus*

En los resultados obtenidos para el área total de vasos de xilema (haz vascular) y los tres diferentes tamaños (TG, TM, TP) en los cuales se presentaron diferencias altamente significativas entre los tratamientos en *G. max* y *H. annuus*, en el caso del *T. aestivum* solo presento diferencias entre los tamaños de vasos.

Para el área total de vasos de xilema (haz vascular) el T4 fue el que presento menor área total con 11709µm² y el T3 presento el mayor promedio con un 36479µm² para *G. max*, En el caso del *T. aestivum* en ATAV los tratamientos fueron estadísticamente iguales con un tamaño promedio de que varía de 28754 a 17617µm² y en el *H. annuus* los T1y T5 fueron los de mayor tamaño y estadísticamente iguale, no así el T4 el cual contienen la radiación UV-C+NaCl. (**Yañez *et al.*, 2009)** menciona que la conductancia hidráulica de tallo-hoja en arboles de mangle en condiciones de salinidad elevada explica el aumento en la frecuencia de vasos y su disminución de diámetro en el xilema del tallo y al mismo tiempo el mayor grosor de pared de vasos implica que resisten presiones negativas fuertes. Por su parte **Goykovic *et al.*, (2007)** mencionan que las plantas se enfrentan a la influencia de varias condiciones ambiental que las cuales incluyen factores de estrés tales como sequía, salinidad, pesticidas, baja temperatura y de irradiación UV, los cuales ejercen efectos adversos sobre el crecimiento y desarrollo de las plantas siendo las etapas juveniles más sensibles. En el tamaño grande y mediano (TG y TM) de vasos de xilema en *G. max* y *T. aestivum* el T3 fue quien presentó el mayor promedio con 1027.06µm² y 497µm² respectivamente; siendo el T4 el más afectados a consecuencia tanto de la aplicación de la radiación UV-C como de la radiación con sal el cual ocasiona mayor presión osmótica impidiendo la absorción de agua y nutrientes. En el *H. annuus* para el TM los tratamientos

T2 y T3 obtuvieron las mayores medias y el T4 (UV-C+NaCl) fue el de menor promedio, no presentando diferencia entre los tamaños grande y pequeño.

Para el TP el T1 fue el que presentó el mayor tamaño de vaso con un promedio de 414.21μm²; y por último el T4 fue quien presento el menor promedio con un 143.28μm² en *G. max*, para el *T. aestivum* los T2 y T4 fueron los que presentaron el menor promedios de 91 y 80μm² respectivamente y el T5 presento el mayor promedio con un 118μm². De acuerdo con algunos estudios han mostrado una disminución en la división celular cuando la irradiación UV-B inhibe la expansión foliar y sugieran que la radiación UV-B inhibe la expansión de células en especies de árboles y las células epidérmicas fueron más pequeños en dos especies del Antártico (**Pinto *et al.*, 2000).** Las plantas son vulnerables debido a sus requisitos de la luz solar para la fotosíntesis. Se han demostrado efectos nocivos de UV como la reducción de la fotosíntesis, de la biomasa, disminución de las proteínas, deterioro de la función de cloroplasto y el daño al ADN (**Boccalandro *et al.*, 2001**). A su vez **Katerova *et al.*, (2012)** describe que a baja dosis de UV-B o UV -C puede desencadenar respuestas de aclimatación de las plantas, incluyendo la activación enzimática y no enzimática del sistemas de defensa. Por su parte **Ramos *et al.*, (2003)** menciona que el estrés producido por la salinidad afecta los procesos de crecimiento de la raíz en *pappophorum p.* afectando negativamente los procesos de división y expansión celular y donde las células pequeñas resisten mejor las presiones negativas que las grandes y puede ser una adaptación a condiciones de sequedad.

8. CONCLUSIONES

Se identificó la dosis óptima para cada una de ellas tanto de radiación UV-C y UV-B.

Las dosis obtenidas en este estudio con radiación UV-C resultaron ser en semilla de *G. max* como dosis mínima 1.44KJ/m^2 en 900 segundos; para *T .aestivum* y *H. annuus* 2.88 KJ/m^2 en 1800s; para *P. maximartinezii* 0.288KJ/m^2 en 180s. Como dosis máxima para *G. max* 43.2KJ/m^2 en 2700s; para *T. aestivum* 17.28KJ/m^2 en 10800s; para *H. annuus* 8.64KJ/m^2 en 5400s; para *P. maximartinezii* 0.864KJ/m^2 en 540s. La dosis letal 50 (DL50) para *G. max* 57.60KJ/m^2 en 36000s; para *T. aestivum* y *H. annuus* 43.2KJ/m^2 en 27000s; para *P. maximartinezii* 1.056KJ/m^2 en 660s.

Las dosis obtenidas en este estudio con radiación UV-B resultaron ser en semilla de *G. max* como dosis mínima 5.4KJ/m^2 en 3600 segundos; para *T. aestivum* y *H. annuus* 1.35KJ/m^2 en 900s; para *P. maximartinezii* 0.63KJ/m^2 en 420s. Como dosis máxima para *G. max* 43.2KJ/m^2 en 28800s; para *T. aestivum* 8.1KJ/m^2 en 5400s; para *H. annuus* 0.27KJ/m^2 en 180s; para *P. maximartinezii* 0.99KJ/m^2 en 660s. La dosis letal 50 (DL50) para *G. max* 56.7KJ/m^2 en 37800s; para *T. aestivum* 37.8KJ/m^2 en 25200s y *H. annuus* 8.1KJ/m^2 en 5400s; para *P. maximartinezii* 1.17KJ/m^2 en 780s.

Se considera como dosis óptima las correspondientes a las dosis máximas de radiación UV-C utilizadas en este estudio. Los efectos de ésta sobre la germinación y vigor en las especies de *G. max*, *T. aestivum* y *P. maximartinezii*, con la cual se presentaron daños menores o donde se presentaron los mayores beneficios; para la especie de *H. annuus* fue la dosis mínima (2.88KJ/m^2 en 1800s).

Se considera como dosis óptima las correspondientes a las dosis mínimas de radiación UV-B utilizadas en este estudio. Los efectos de ésta sobre la capacidad de germinación y vigor en las cuatro especies fueron donde se obtuvieron las mejores respuestas y menores daños en las plántulas.

Los efectos presentes en las plántulas de semillas irradiadas con UV-B y UV-C se manifestaron en *G. max* como curvaturas y daño necrótico en el hipocotílo y entrecruzamiento de los cotiledones los cuales restringieron la emergencia del epicotílo, así como fisuras en la radícula. En el *H. annuus* se presentaron enroscamientos, fisuras y curvaturas del hipocotílo además de malformaciones y rupturas de sus tejidos lo cual provoco crecimientos asimétricos. En *P. maximartinezii* se presentaron fisuras desde la base de la radícula y curvatura del hipocotílo.

En las plántulas se presentaron torsiones de la plúmula y fisuras desde la base de la raíz de las cuatro especies estudiadas, el *T. aestivum* se presentó alteraciones mínimas por lo que se puede considerar como una especie relativamente tolerante a radiaciones UV-C y UV-B.

La radiación aplicada a semillas afecta en la producción de biomasa total de forma negativamente cuando la radiación se combina con un segundo factor de estrés como NaCl.

En cuanto al potencial redox las plantas de *G. max* mostraron OPR negativos lo que indica que contiene una mayor cantidad de antioxidantes. En general las plantas de semillas tratadas con radiación mas sales mostraron que contienen un mayor número de antioxidante. Se corroboro que un cambio en la acumulación total de biomasa es una medida importante para evaluar la sensibilidad a radiación UV-C y UV-B.

En las especies de *T. aestivum* y *H. annuus* la concentración de Na fue mayor en las plantas obtenidas de semillas tratadas con radiación UV-C y UV-B más NaCl en comparación a las plantas obtenidas de semillas tratadas solo con radiación UV-C y UV-B.

Utilizando tratamientos de semillas con dosis óptimas de irradiación UV se puede estimular de la síntesis de antioxidante en las plantas y mejorar su valor nutricional y la tolerancia a los factores de estrés ambiental.

En el caso del área total del haz vascular y el tamaño vasos de xilema la radiación UV-B actúa como promotora de crecimiento.

Debido a que las radiaciones UV-C y UV-B afectan a la semilla y las plantas en sus funciones es necesario continuar con más estudios para poder entender con mayor eficiencia los efectos a largo plazo y poder garantizar la inducción de tolerancia a diferentes factores.

9. ANEXO

Tabla XXXI.

Componentes de la solución nutritiva Steiner y los gramos utilizados en 100litros de agua para el riego de las plantas de *G. max, T. aestivum y H. annuus* en condiciones de invernadero.

Macro nutrientes	g/100L(100%)	Micronutrientes	g/100L(100%)
$Ca(NO_3)_2$	107.0	H_3BO_3	0.282
KNO_3	30.5	$MnSO_4.H_2O$	0.215
$NaH_2PO_4.H_2O$	13.5	$ZnSO_4.7H_2O$	0.039
$MgSO_4.7H_2O$	49.2	H_2MoO_4(85%)	0.080
K_2SO_4	35.5	$CuSO_4.5H_2O$	0.0079
		Fe(quelatado)	5000

10. LITERATURA CITADA

Aguirrezabal LAN, Orioli GA, Hernandez L, Pereyra VR y Mirave JP. 1996. Girasol: aspectos fisiologicos que determinan el rendimiento. Editorial Unidad Integrada Balcarce (ISBN N°950-9853-71-2) .127 pp.

Alexieva V, Sergiev I, Mapelli S y Karanov E. 2001. The effect of drought and ultraviolet radiation on growth and stress markers in pea and wheat. Plant Cell Environ, 24: 1337–1344.

Andrade CMJ, Moreno GC, Henríquez BA, Gómez GA y Concellón A. 2010. Influencia de la radiación UV-C como tratamiento postcosecha sobre carambola (Averroha carambola L.) mínimamente procesada, almacenada en refrigeración. Revista Iberoamericana de Tecnología Postcosecha Sin mes18-27. http://www.redalyc.org/artículo.oaid=81315093004.ISSN 1665-0204.

Arteaga B. 1998. Producción de semilla de Pinus maximartinezzi Rzedowski. Chapingo. Mex. Universidad Autonoma de Chapingo. www.sidalc.net/repdoc/A0017S/a0017s12.pdf.

AOSA: ASSOCIATION OF OFFICIAL SEED ANALYSTS. 1983. Seed vigour testing handbook. Contribution N° 32. 89p.

Ballaré CL, Scopel AL, Stapleton AE, Yanovsky MJ. 1996. Solar ultraviolet-B radiation affects seedling emergence, DNA integrity, plant morphology, growth rate, and attractiveness to herbivore insects in Datura ferox. Plant Physiology 112: 161–170.

Ballaré CL, Rousseaux MC, Searles PS, Zaller JG, Giordano CV, Matthew Robson T, Caldwell MM, Sala OE y Scopel AL. 2001. Impacts of solar ultraviolet-B radiation on terrestrial ecosystems of Tierra del Fuego (southern Argentina): An overview of recent progress. Journal of Photochemistry and Photobiology B: Biology 62: 67–77.

Baroniya SS, Kataria S, Pandey GP, Guruprasad KN. 2013. Intraspecific variations in antioxidant defense responses and sensitivity of soybean varieties to ambient UV radiation. Acta Physiol Plant (2013) 35:1521–1530 DOI 10.1007/s11738-012-1193-6.

Baud S y Lepiniec L. 2010. Physiological and developmental regulation of seed oil production. Progress in Lipid Research 49 (2010) 235–2490. doi:10.1016/j.plipres.2010.01.001.

BBC mundo. 2011. El adelgazamiento de la capa de ozono. BBC Mundo. www.bbc.co.uk/mundo/

Beena AK y Jayaram KM. 2010. Electrophoretic Variations in Seed Protein Profile of Green Pea *(Pisum Sativum* L.) and Soybean *[Glycine Max* (L.) MERR.] Seeds Seedlings During Early Stages of Germination Under Heat-Stress. Legume Research - An International Journal, Volume: 33, **171- 177.** Print ISSN: 0250-5371.

Belgin ES y İbrahim HE. 2011. Effect of Ultraviolet and Far Infrared Radiation on Microbial Decontamination and Quality of Cumin Seeds. Journal of Food Science. Volume 76, Issue 5, pages M284–M292, June/July 2011.DOI:10.1111/j.1750-3841.2011.02192.x.

Benavides A. 1999. Productividad, Sólidos Solubles y Redox de Extractos de Peciolos en Espinacas1999. Departamento de Horticultura, Universidad Autónoma Agraria Antonio Narro, Saltillo, México 25315.

Briseño CC, Vargas SZ, Camacho de la Rosa, Wacher RC y Trejo MMA. 2008. Efecto de los tratamientos por irradiación UV-C sobre la actividad de la Polifenol oxidasa y Peroxidasa en mangos variedad 'Ataulfo' almacenados a bajas temperaturas. www.respyn.uanl.mx/especiales/2008/ee-08-2008/.../A069.pdf.

Boccalandro HE, Mazza AC y Ballaré CL. 2001. La radiación ultravioleta B mejora la respuesta photomorphogenic fitocromo-B mediada en Arabidopsis. Plant Physiol. junio de 2001; 126 (2) : 780-788.

Brown JE, Lu TY, Stevens C, Khan VA, Lu JY, Wilson CL, Collins DJ, Wilson MA, Igwegbe ECK, Chalutz E y Droby S. 2001. The effect of low dose ultraviolet light-C seed treatment on induced resistance in cabbage to black rot (Xanthomonas campestris pv. campestris), Crop Protection, Volume 20, Pages 873-883, ISSN 0261194(http://www.sciencedirect.com/science/article/pii/S0261219401000370).

Caldwell MM, Bornman JF, Ballaré CL, Flint SD y Kulandaivelu G. 2007. Los ecosistemas terrestres, el aumento de la radiación ultravioleta solar y las interacciones con otros factores del cambio climático. *Photochem. Photobiol. Sci.*, 2007, 6, 252-266. DOI: 10.1039/B700019G.

Campomanes D. 2008. Reconocimiento de calidad en soya. Artículos Técnicos. http://www.engormix.com/reconocimiento_calidad_soja_s_articulos_1926_AGR.htm.

Casierra PF, Dotor BA.; González M y González LA. 2006. Efecto de la salinidad en la eficiencia en el uso del agua y la producción de materia seca en guayabo. Acta Agronómica, Julio-Septiembre, 23-32. http://www.redalyc.org/resumen.oa?id=169920331004.

Cechin I., Fumis Terezinha de Fátima, Ligia Dokkedal A. 2007. Crecimiento y respuestas fisiológicas de las plantas de girasol expuestos a la radiación ultravioleta-B.Universidad Federal de Santa Maria. Centro de Ciencias Rurais. Cienc. Rural v.37 n.1.

Cerero Hernández N. 2010. Girasol, situación actual, mundial y nacional. CONASIPRO última actualización 2010. www.oleaginosas. Org.

Cisneros-Zevallos L. (2003). The Use of Controlled Postharvest Abiotic Stresses as a Tool for Enhancing the Nutraceutical Content and Adding-Value of Fresh Fruits and Vegetables. JOURNAL OF FOOD SCIENCE-Vol. 68, Nr. 5, pages 1560-1565. DOI: 10.1111/j.1365-2621.2003.tb12291.x.

Chimphango SB, Brown CF, Musil CF y Dakora FD. 2007. Effects of UV-B radiation on seed yield of Glycine max and an assessment of F1 generation progeny for carryover effects. Physiol Plant. 2007 Nov;131(3):378-86.
DOI: 10.1111/j.1399-3054.2007.00966.x.

Costa L, Vicente AR, Civello PM, Chaves AR y Martínez GA. 2006. UV-C treatment delays postharvest senescence in broccoli florets. Postharvest Biol. Technol. 39:204-210.

Cote Daza S. 2011. "Efecto de la intensidad de la radiación UV-C sobre la calidad sensorial, microbiológica y nutricional de frutos" Trabajo de maestría. Universidad Nacional de La Plata. Facultad de Ciencias Exactas. 2011 Buenos Aires, Argentina

Curtis, PJ. 1981. Manual para la elaboración de preparaciones cromosómicas en plantas. Chapingo, México. Universidad Autónoma de Chapingo. 46 p.

Deckmyn G, Martens C y Impens I. 1994. La importancia de la relación UV-B/phosynthetic radiación activa (PAR) durante el desarrollo de la hoja como factor determinante de la sensibilidad de las plantas a un aumento de la radiación UV-B: Efectos sobre al crecimiento, el intercambio de gases y la pigmentación de las plantas de frijol (*Phaseolus vulgaris*cv. Label) Vegetales. Celular y Environ. 1994, 17 (3): 295-301.

Donald T K. 1975. Influence of Ultraviolet Radiation on Germination and Early Seedling Growth Physiologia Plantarum. Volume 34,Issue 3,pages 182–186. DOI:10.1111/j.1399-3054.1975.tb03817.x.

Filho J. 1999. Testes de vigor: importancia e utilizacao. Vigor de sementes: conceitos e testes. Londrina Abrates. cap 1: 1-21.

Fonseca J. 2009. Efecto de la luz UV-C en la calidad de hortalizas. Revista Productores de Hortalizas. Meister Media Wordide. Vol. Primer trimestre 2009.

Frohnmeyer H. y Staiger D. 2003. Ultraviolet-B radiation-mediated responses in plants. Balancing damage and protection. Plant Physiol. **2003**, 133, 1420–1428.

García RH. 1993. Estimulación de la germinación de cinco especies de cactáceas consideradas en peligro de extinción. Tesis licenciatura. Universidad Autonoma Agraria Antonio Narro. Saltillo Coahuila. Mex. 234 p.

González AGA, Cuamea NF y Gardea A. 2005. Nuevas Tecnologías de Conservación de Productos Vegetales Frescos Cortados; (*CIAD, A.C.*); EditorialLogiprint Digital. Guadalajara, Jalisco, México pp. 558.

González AGA, Ayala ZJF, Rivera LJ, Zavaleta GR, Villegas OMA y Tejedor EW. 2005a. Reducción de deterioro en frutos de mango, durazno y nectarina utilizando irradiación ultravioleta. Ciencia de la Frontera (UV-C). **3**:49-57.

González JA, Rosa M, Parrado MF, Hilal M y Prado FE. 2009. Morphological and physiological responses of two varieties of a highland species (Chenopodium quinoa Willd.) growing under near-ambient and stronglyreduced solar UV–B in a lowland location. Journal of Photochemistry and Photobiology B: Biology 96 (2009) 144–151.

Goykovic CV y Saavedra del Real G. 2007. Algunos efectos de la salinidad en el cultivo del tomate y prácticas agronómicas de su manejo. Idesia (Arica), 25 (3), 47-58. Recuperado en 01 de febrero de 2014, de http://www.scielo.cl/scielo.php?script=sci_arttext&pid=S0718-34292007000300006&lng=es&tlng=es. 10.4067/S0718-34292007000300006.

Greco M, Chiappet A, Bruno L y Bitonti MB. 2012. In Posidonia oceanica cadmium induces changes in DNA methylation and c. Journal of Experimental Botany, Vol. 63, No. 2, pp. 695–709, 2012. doi:10.1093/jxb/err313.

Hernández SM. 1984. Manual de Laboratorio de Citología y Citogenética. Universidad Autónoma Agraria Antonio Narro. Buenavista Saltillo Coahuila. 92p.

Huron 2009. Foro del Parque Natural de las Sierras de Cazorla, Segura y las Villas. Cazorlaturismo.com; Reproducción de semillas de las principales especies de pinos del parque. Febrero 2009.

International Seed Testing Association (ISTA) 1999. International rules for seed testing 1999. Seed Science and Technology 27, Supplement. of vigor test methods. 2. ed.Zurich, 1995. 117 p.

Izquierdo NG, Aguirrezabal LAN, Andrade FH, Geroudet C, Valentinuz O y Pereyra Iraola. 2009. Intercepted solar radiation affects oil fatty acid composition in crop species. M.*Field Crops Research* vol. 114 issue 1 October 1, 2009. p. 66-74.

Jansen MAK, Van den Noort RE y Thorneley RNF. 2001. Phenol-Oxidizing Peroxidases Contribute to the Protection of Plants from Ultraviolet Radiation Stress. Plant Physiol..2001 July; 126(3): 1012-1023.

Jansen MAK. 2002. Ultraviolet-B radiation effects on plants: induction of morphogenic responses. Physiologia Plantarum A. (2002), vol. 116, issue 3, 423-429. DOI:10.1034/j.1399-3054.2002.1160319.x.

Johson JL y Emino ER. 1979. Tissue culture propagation in the cactacea. Cactus and Succulent. Journal 51:275- 277.

Jordan BR. 1996. The effects of ultraviolet-B radiation on plants: a molecular perspective. Advances in Botanical Research 22: 97–162.

Kacharava N, Chanishvili SH, Badridze G, Chkhubianishvili E y Janukashvili N. 2009. Effect of seed irradiation on the content of antioxidants in leaves of Kidney bean,Cabbage and Beet cultivars. Australian Journal of Crop Science 3(3):137-145 (2009) ISSN: 1835-2707 www.cropj.com.

Kanash EV y Savin VN. 1991. The sensitivity of agricultural plants to short-term UV-stress. Kosm Biol Aviakosm Med.; 25(4):18-20 PMID: 1960944.

Karl R. Fick, Sarah M. Miller, John D. Funk (1976). Methods of mineral analysis for plant and animal tissues. University of Florida, 1976 - 78 pages

Katerova Z, Todorova D, Tasheva K y Sergiev I. 2012. Influence of utraviolet radiation on plant secondary metabolite production. Gnetics and Plant Physiology 2012, volume 2 (3–4), pp. 113–144.

Kerr JB y Mcelroy CT. 1993. Evidence for Large Upward Trends of Ultraviolet-B Radiation Linked to Ozone Depletion. Science 12 November 1993: 262 (5136), 1032-1034. [DOI:10.1126/science.262.5136.1032]

Kozai T, Fujiware K, Hayashi M y Aitken-Christie J. 1992. The in vitro environment and its control in micropropagation. En: Kurata, T.; T. Kosai (eds). Transplant Production Systems, Kluwers Acadmic Publishers. Pp. 36.

Lenore B, Marc AE. Y Gerald EE. Increasing. 2006. UV-B Induces Biphasic Leaf Cell Expansion in Phaseolus vulgaris, Suggesting Multiple Mechanisms for Controlling Plant Growth. Photochemistry and Photobiology, 2006, 82: 161 2-1 620.

Lidon FC y Ramalho JC. 2011. Impact of UV-B irradiation on photosynthetic performance and chloroplast membrane components in Oryza sativa L. Journal of Photochemistry and Photobiology B: Biology 104 (2011) 457–466 2011 doi:10.1016/j.jphotobiol.2011.05.004.

Li XM, Zhang LH, He XY y Hao L. 2007. Photosynthetic responses of wheat and pea seedlings to enhanced UV-C radiation and their resistances. Ying Yong Sheng Tai Xue Bao.2007 Mar;18(3):641-5.

Lizana XC, Hess S, Calderini FD. 2009. Crop phenology modifies wheat responses to increased UV-B radiation. Agricultural and Forest Meteorology 149 (2009) 1964-1974 doi:10.1016/j.agrformet.2009.07.003.

López-Mata L. 2001. Proteins, amino acids and fatty acids composition of nuts from the Mexican endemic rarity, Pinus maximartinezii, and its conservation implications. Interciencia 26, 606-619.

López-Rubira V, Artés-Hernández F y Artés F. 2007. Evaluación de la Calidad de Granadas Tratadas con UV-C y Almacenadas en Atmósfera Controlada. V Congreso Iberoamericano de Tecnología Postcosecha y Agroexportaciones. 2007. http://horticom.com/pd/article.php?sid=68010.

Luckey T D. 1980. Hormesis with Ionizing Radiation. CRC press, Boca Raton. Mittler, R. (2005). Oxidative stress. Available fromhttp://www.ag.unr.edu/mittler/oxistress.pdf.

Mageroy MH, Kowalik EH, Folta KM y Shinkle J. 2010. Evidence of physiological phototropin1 (phot1) action in response to UV-C illumination. Plant Signaling and Behavior 5, 1204–1210.

Mazza CA, Boccalandro HE, Giordano CV y Ballaré CL. 2000. Significación funcional y de inducción de la radiación solar ultravioleta de protectores solares que absorben en los cultivos de soja cultivadas en el campo Plant Physiol. 2000 Abril, 122:117-126.

Minuzzi, A, Mora F, Sedrez Rangel MA De Lucca e Braccini A. y Scapim CA. 2007. Características Fisiológicas, Contenido de Aceite y Proteína en Genotipos de Soya, Evaluadas en Diferentes Sitios y Épocas de Cosecha, Brasil. Agric. Téc., Chillán, v. 67, n. 4, DOI: 10.4067/S0365-28072007000400003.

Mpoloka SW. 2008. Efecto de la radiación UV-B en las plantas de exposición prolongada Departamento de Ciencias Biológicas, Universidad de Botswana p/Bolsa de 00704, Gaborone, Botswana. Diario de África vol. Biotecnología 7(25), pp.4874-4883. 2008. En línea. http/www.academicjournals.org/AJB. DOI:10.5897/AJB08.075.

Moreno CP. 1996. Vida y Obra de Granos y Semillas. Fondo de Cultura Económica.

htt.://bibliotecadigital.ilce.edu.mx/sites/ciencia/volumen3/ciencia3/146/htm/sec_3.htm.
Consultado marzo de 2009.

Moreno EM. 1996. Análisis físico y fisiológico de semillas agrícolas. Tercera edición, UNAM. Ciudad Universitaria, México, D.F. Pp 393.

Nasibi F y Kalantari kh M. 2005. The effects of UV-A, UV-B and UV-C on protein and ascorbate content, lipid peroxidation and biosynthesis of screening compounds in brassica napus. Iranian Journal of Science & Technology, Transaction A, Vol. 29, No. A1.

Nawkar GM, Maibam P, Parque JH, Sahi VP, Lee SY y Kang CH. 2013. UV-Induced Cell Death in Plants. Int. J. Mol. Sci. 2013, 14, 1608-1628; doi:10.3390/ijms14011608.

Otero S, Núñez-Olivera E, Martínez-Abaigar J, Tomás R, Arróniz-Crespo M y Beaucourt N. 2006. "Effects of cadmium and enhanced UV radiation on the physiology and the concentration of UV-absorbing compounds of the aquatic liverwort Jungermannia exsertifolia subsp. cordifolia," Photochemical and Photobiological Sciences, vol. 5, no. 8, pp. 760–769, 2006. DOI: 10.1039/B601105E.

Pinto M, Lizana C, Pastenes C, Riquelme A y Berti M. 2000. Efecto de la radiación y la fotosíntesis de siete variedades de trigo (Triticum aestivum L.). Universidad de Chile. Revista Chilena de Historia Natural 73: 55-66,2000.

Pombo M. 2009. Irradiación de frutillas con UV-C: efecto sobre la síntesis de proteínas, degradación de la pared celular y mecanismos de defensa. Laboratorio de Bioquímica y Fisiología de la Maduración y Senescencia (UB-4) IIB-INTECH (Chascomús) UNSAM. Universidad Nacional de San Martín.

Procházková D y Wilhelmova N. 2007. The capacity of antioxidant protection during modulated ageing of bean (*Phaseolus vulgaris* L.) cotyledon 1. The antioxidant enzyme activities. Cell Biochem Funct, 25: 87–95.

Rai R, Meena RP, Smita SS, Shukla A, Rai SK y Pandey-Rai S. 2011. UV-B and UV-C pre-treatments induce physiological changes and artemisinin biosynthesis in Artemisia annua L. an antimalarial plant. J Photochem

Photobiol B.2011 Dec 2;105(3):216-25. doi: 10.1016/j.jphotobiol.2011.09.004.

Rajesh PR, Richa, Kumar A, Tyagi MB y Sinha R. P. 2010. "Molecular Mechanisms of Ultraviolet Radiation-Induced DNA Damage and Repair," Journal of Nucleic Acids, vol. 2010, Article ID 592980, 32 pages, 2010. doi:10.4061/2010/592980.

Ramos JC, Perreta MG, Tivano JC y Vegetti AC. 2004. Variaciones anatómicas en la raíz de Pappophorum philippianum inducidas por salinidad. *Phyton (B. Aires)* [online]. 2004, vol.73 [citado 2014-02-01], pp. 103-109. Disponible en: <http://www.scielo.org.ar/scielo.php?script=sci_arttext&pid=S185156572004000100011&lng=es&nrm=iso>. ISSN 1851-5657.

Rastogi RP, Kumar AR, Tyagi MB y Sinha RP. 2010. Molecular Mechanisms of Ultraviolet Radiation-Induced DNA Damage and Repair Journal of Nucleic Acids, Volume 2010, Article ID 592980, 32 pages DOI:10.4061/2010/592980.

Reglinski T, Taylor JT, Chee AAh, Northcott G y Spiers M. 2012. Biochemical responses to ultraviolet-C radiation and methyl jasmonate in *Pinus radiate* seedlings that accompany induced resistance to *Diplodia pinea.* Plant Pathology Volume 62, Issue 4, pages 851–858, August 2013 DOI: 10.1111/ppa. Article first published online: 2 NOV 2012.

Rivera PDM, Gardea BM, Martínez TA, Rivera Dominguez M y González AGA. 2007. Efectos Bioquímicos postcosecha de la irradiación UV-C en frutas y hortalizas. Rev. Fitotec. Méx. Vol. 30(4) 361-372. hyyp//redalyc.uaemex.mx.

Rozema J, Staaij JVD, Bjorn LO y Caldwell M. 1997. UV-B as an environmental
factor in plant life: stress and regulation. Trends Ecol. Evol. 12, 22–28.

Ruiz LGA, Qüesta AG y Rodriguez S. del C. 2010. Efecto de luz UV-C sobre las propiedades antioxidantes y calidad sensorial de repollo mínimamente procesado. Rev. Iber. Tecnología Postcosecha Vol 11(1): 101-108.

Salinas AR, Yoldjian AM, Craviotto RM y Bisaro V. 2001. Pruebas de vigor y calidad fisiológica de semillas de soja (1). Pesq. agropec. bras., Brasília, v. 36, n. 2, p. 371-379, fev. 2001.

Sarghein SH, Carapetian J y Khara J. 2011. "The Effects of UV Radiation on Some Structural and Ultrastructural Parameters in Pepper (*Capsicum longum* A.DC.)," Turk- ish Journal Biology, Vol. 35, No. 1, 2011, pp. 69-77.

Schreiner M, Mewis I, Huyskens-Keil S, Jansen MAK, Zrenner R, Winkler JB, O'Brien N y Krumbein A. 2012. UV-B-induced secondary plant metabolites - potential benefits for plant and human health. Crit Rev Plant Sci, 31: 229–240.

Selezneva EM, Goncharova LI y Tikhonov VN. 2008. The effects of UV-irradiation of barley plants on the morphophysiological parameters and productivity of the offsprings. Radiats Biol Radioecol. Jul-Aug;48(4):487-92. PMID:18825997.

Seow MH, Amru NB y Chandran S. 2012. Antioxidant activity, phenolic and flavonoid contents in the leaves of different varieties of sweet potato (*Ipomoea batatas*), Australian Journal of Crop Science 6(3), 375-380.

Sgroppo S.C. y Sosa C.A. 2009. Zapallo Anco (*cucurbita moschata,* d.) Fresco Cortado Tratado con Luz UV-C. Facena, Vol. 25, pp. 7-19, 2009 7 exa.unne.edu.ar/revisfacena/25/7-19*.pdf*

Sharma RR y Demirci A. 2003. Inactivation of escherichia coli o157:H7 on inoculated alfalfa seeds with pulsed ultraviolet light and response surface modeling No. 68. p 1448-1453. Blackwell Publishing Ltd. DOI:10.1111/j.1365-2621.2003tb09665.x

Shinklea JR., Atkins AK, Humphrey EE, Rodgers CW, Wheeler SL y Barnes PW. 2003. Growth and morphological responses to different UV wavebands in cucumber (Cucumis sativum) and other dicotyledonous seedlings. Physiologia Plantarum 120: 240–248. 2004 DOI: 10.1111/j.0031-9317.2004.0237.x.

Silveira AC, Aguayo E, Artés-Hernández F y Artés F. 2009. Radiación UV-C y envasado en sala blanca, alternativas a la desinfección con cloro de melón "Galia" mínimamente procesado en fresco. Montevideo,

Uruguay y Cartagena. Murcia. España. En línea en www.horticom.com/pd/imagenes/66/097/66097.pdf.

Singh RP, Hodson DP, Huerta EJ, Jin Y, Njau P, Wanyera R, Herrera FSA y Ward RW. 2008 Will stem rust destroy the world's wheat crop? Adv Agron 98: 271-309

SISSAO. 2010. Sistema para el monitoreo y centro del consumo en las sustancias agotadoras del ozono. Available in URL: sissao. semarnat.gob.mx/sissao/p2.htm.

Statistical Analysis System (SAS Institute). 2002. PROC Users manual, version 9.0.0. 380. SAS Institute Inc., Cary, NC USA.

Sutter EG. 1985. Morphological, physical and chemical characteristics of epicuticular wax on ornamental plants regenerated in vitro. In vitro Cell Devel. Biol. 27: 52-56.

Tapia FML, Orellana RE y Castillo GMH. 2002. Fotosensibilidad de Plantines de Trigo (triticum aestivum l.) expuestos a Radiación Ultravioleta del Tipo B. Universidad de Chile, Facultad de Ciencias Agronómicas, Santa Rosa 11315, Santiago, Chile. Casilla 1004.

Takeuchi Y, Inoue T, Takemura K, Hada M, Takahashi S, Ioki M, Nakajima N y Kondo N. 2007. Induction and inhibition of cyclobutane pyrimidine dimmer photolyase in etiolated cucumber (*Cucumis sativus*) cotyledons after ultraviolet irradiation depends on wavelength. J Plant Res, 120(3): 365–374.

Yagura T, Makita K, Yamamoto H,. Menck FMC and Schuch AP. 2011. Biological Sensors for Solar Ultraviolet Radiation *Sensors* 2011, *11*,4277-4294; doi:10.3390/s110404277. ISSN 1424-8220 www.mdpi.com/journal/sensors.

Tekrony DM. 1995. Accelerated ageing. In: VENTER, H.A. Seed Vigour Testing Seminar. 53-73.

Toncheva PT, Pouneva I, Chernev G y Minkova K. 2010. Incorporation of *Synechocystis salina* in hybrid matrices. Effect of UV-B radiation on the copper and cadmium biosorption. Biotechnol & Biotechnol Eq 24(3): 1946–1949.

Thorsten RW y Michael Rosta´s. 2008. Ambient ultraviolet radiation induces protective responses in soybean but does not attenuate indirect defense. Environmental Pollution 155 (2008) 290e297.

Torres M, Frutos G y Duran JM. 1991. Sunflower seed deterioration from exposure to U.V.-C radiation Environmental and Experimental Botany Volume 31, Issue 2, April 1991, Pages 201–207.

Torres S. 2002. Métodos para avaliação do potencial fisiológico de sementes de melão. Tese (Doutorado em Agronomia) Escola Superior de Agricultura "Luiz de Queiroz", Universidadede São Paulo, Piracicaba. 103 p.

Torres S y Filho M. 2003. Accelerated aging of melon seeds. Scientia Agrícola. 60(1): 77-82.

Turtola S, Sallas L, Holopainen JK, Julkunen-Tiitto R y Kainulainen P. 2006. La exposición prolongada a la radiación UV-B mejorada no tiene efetos significativos sobre el crecimiento o compuestos secundarios de pino Silvestre y exterior crecido y Noruega plántulas de piceas. Environ contami 2006 Nov; 144 (1) :166-71.Epub 2006 Mar 2.

USDA's National Nutrient Database for Standard Reference, basado en una dieta de 2000 calorías. CDR: Cantidades Diarias Recomendadas. Noviembre 2013. www.diodora.com/documentos/nutricion_soja.htm

Wang W, Vinocur B y Altman A. 2003. Plant responses to drought, salinity and extreme temperatures: towards genetic engineering for stress tolerance. Planta. 2003 Nov;218(1):1-14. Epub 2003 Sep 26.

Wu J, Lou YS, Li YX y Cheng HY. 2010. Effect of Enhanced Ultraviolet-B Radiation on Physiological and Ecological Parameters in Barley. Journal of Agro-Environment Science 29:1033-1038.

Yáñez EL, Angeles G, López PJ y Barrales S. 2009. Variación anatómica de la madera de Avicennia germinans en la Laguna de la Mancha, Veracruz, México. Boletín de la Sociedad Botánica de México, Núm. 85, diciembre, 2009, pp. 7-15. Sociedad Botánica de México, A.C. Disponible en: http://redalyc.uaemex.mx/src/inicio/ArtPdfRed.jsp?iCve=57712090002

Zu Y G, Pang H H, Yu J H, et al. 2010. Responses in the morphology, physiology and biochemistry of Taxus chinensis var. mairei grown under

supplementary UV-B radiation, Journal of Photochemistry and Photobiology B: Biology 98:152-158.
Zu YG, XX Wei, JH Yu, DW Li, HH Pang, L Tong. 2011. Responses in the physiology and biochemistry of Korean pine (*Pinus koraiensis*) under supplementary UV-B radiation. Photosynthetica, 49(3): 448–458.

11. RESUMEN BIOGRÁFICO

1.- Datos Generales.

Nombre Completo: Elly Bacópulos Mejía
Domicilio Particular: Col: Parques de la cañada,
Calle: paseo de las palmas No. 3445
Correo electrónico: bacopuloselly@hotmail.com
Teléfono: (844) 4171283 y 8442726755

2.- Formación Académica.

Licenciatura: Ing. Agrónomo en Horticultura. Universidad Autónoma Agraria Antonio Narro.
Maestría: Tecnología en Semillas Universidad Autónoma Agraria Antonio Narro.

3.- Participación en Congresos como Ponente y publicaciones en memorias.

- CURSO: Inducción de resistencia usando priming químico y biofísico en semillas hortícolas. Clave DAP-640 (teórico- práctico).
- Curso de capacitación en el marco del 4to Simposio de Tecnología de Vanguardia en la Producción de Cultivos Hortícolas DEL 23-25 DE SEPTIEMBRE 2015 el curso; Inducción de resistencia usando priming químico y biofísico en semillas hortícolas. DPARECO-24091501

- Participación como autor del cartel titulado Efecto Inductor de Cambios Fisiológicos Mediante Aplicaciones de Radiación UV-C en Semillas de Pino Piñonero (*Pinus maximartinezii* Rzedowski). En el V Congreso Internacional Biológico Agropecuario. Tuxpan, Ver. Del 23-25 septiembre 2015.

X encuentro Participación de la Mujer en la Ciencia. Ponente con el cartel" Evaluación del efecto de la radiación UV-B y UV-C en semilla de trigo *(Triticum aestivum.)*". 2013.

XXIV Congreso Nacional y IV Internacional de Fitogenetica. Ponente y primer lugar en el área de Producción y Tecnología de Semillas, con el cartel: Efecto inductor de cambios fisiológicos mediante aplicaciones de radiación UV-B en semillas de especies vegetales. 2012.

II Congreso Internacional de Agronomía Tropical y III Simposio Nacional Agroalimentario. Ponencia y resumen en extenso "Eefecto inductor de cambios fisiológicos por las aplicaciones de radiación UV-C en semillas de cuatro especies vegetales". Agosto 2011.

1er Foro de la Red Nacional de Productividad y Calidad de Alimentos Agrícolas y Jornadas de Actividades Botánicas EFRAIM HERNÁNDEZ XOLOCOTZI 2010. Ponente con el cartel titulado Efecto inductor de la tolerancia a estrés mediante la aplicación de radiación UV-C en semillas de Girasol (*Helianthus annuus.*) y Trigo *(Triticum aestivum.)*. Agosto 2010.

4.- Articulo con arbitraje.

Bacopulos-Mejia, E., R. Foroughbakhch, A. Benavides-Mendoza. 2013. Irradiación con UV y su efecto sobre germinación y vigor de semillas de*Helianthus annuus* L. Planta 8(17):12-15.

FOROUGHBAKHCH-POURNAVAB, Rahim; BACOPULOS-MEJIA, Elly y BENAVIDES-MENDOZA, Adalberto. Efecto de la irradiación con UV-C en la germinación y vigor de tres especies vegetales. *Ecosistemas y recur. agropecuarios* [online]. 2015, vol.2, n.5, pp.129-137. ISSN 2007-901X. *versión impresa* ISSN 2007-9028